简心理 psychology

为心灵提供盔甲和武器

简单、实用、走心的心理学书系

情商大师

|息怒篇|

如何快速成为一个淡定的人

OVERCOMING DESTRUCTIVEANGER
Strategies That Work

[美]伯纳德·金 —— 著

翁婉仪 ———— 译

北京联合出版公司
Beijing United Publishing Co.,Ltd.

图书在版编目（ＣＩＰ）数据

情商大师：如何快速成为一个淡定的人. 息怒篇 /
（美）伯纳德·金著；翁婉仪译. -- 北京 : 北京联合出
版公司，2018.3
ISBN 978-7-5596-1231-1

Ⅰ. ①情… Ⅱ. ①伯… ②翁… Ⅲ. ①情绪－自我控
制－通俗读物 Ⅳ. ① B842.6-49

中国版本图书馆 CIP 数据核字（2017）第 265691 号

©2016 Bernard Golden
All rights reserved Published by arrangement with Johns
Hopkins University Press, Baltimore, Maryland

北京市版权局著作权合同登记号：图字 01-2017-7494 号

情商大师：如何快速成为一个淡定的人. 息怒篇

作　　者：（美）伯纳德·金
译　　者：翁婉仪
策　　划：耿璟宗
责任编辑：牛炜征
装帧设计：仙境设计
特约监制：高继书
出版统筹：谭燕春

北京联合出版公司出版
（北京市西城区德外大街 83 号楼 9 层 100088）
北京联合天畅发行公司发行
北京美图印务有限公司印刷 新华书店经销
字数 169 千字 880 毫米 ×1230 毫米 1/32 8 印张
2018 年 3 月第 1 版 2018 年 3 月第 1 次印刷
ISBN 978-7-5596-1231-1
定价：45.00 元

精彩评论

在克服破坏性愤怒方面，金博士成功地发明出一套自我管理策略，帮助读者认识并控制突发的、难以抑制的怒气，改变他们体验和发泄愤怒的方式。他的方法很实用，并且非常容易理解和实践。

——凯瑟琳·特，哈佛医学院教授

对于那些烦恼于因脾气失控而让工作和生活一团糟的人来说，这个奇妙的书来得太是时候了。它将帮助人们培养良好的自我认知习惯，平衡自我和愤怒情绪之间天平。在这里，你的愤怒，将从一个让你烦恼的小恶魔，变成一个有助于前行的良师益友。

——Kristin Neff 博士，德克萨斯大学奥斯汀分校教授，《善待自己》作者金博士提供了一个创新的、使人合理转换不健康愤怒的疗法。对于那些随时想把"怒气之剑"指向别人和自己的人来说，这本书太值得一读了。书中奇妙的方法，确实能将你的怒气化为乌有，你得到的不仅仅是心理上的健康，更是人际关系上和谐。

—— 克里斯托弗·k·Germer 博士，哈佛医学院教授，《自我同情之路》作者

金博士解释了愤怒、自我憎恨、自我欺骗等许多负面情绪的核心问题。清晰的方法，结合宝贵的练习，让"愤怒失控症"消失无踪。

—— 罗纳德·t·博士，《愤怒》作者

目录

自　序

也许，你并没有你表现得那样好脾气。

对某些人、某些事，也许你忍了很久，因为不方便发作，所以你才一忍再忍，直到有一天你忽然大发雷霆，之前苦心经营的美好形象和人际关系也瞬间崩塌。

也许你并非不想做一个温暖的、左右逢源的人。

你也渴望人见人爱，渴望处处受欢迎，然而你实在耐不住那个性子，耗不起那个心力，关键时刻，你的坏脾气总会将你的气度和风度击得粉碎。

有时候，也许你总会被无名怒火充斥着，心情躁郁不安，火气一点就着，好像整个世界对你来说都是错的。你当然知道自己这种状态不大对头，但到底自己哪儿不对，你好像也说不清楚。

总被愤怒情绪左右的日子，当然是不大好过的，因为这个时候你生活的主人不再是你，而是能够惹你生气的一切，想想都挺可怕。所以，你很想知道如何才能成为一个淡定的人，不再被自己的怒火牵着鼻子走。你忍不住要去观察那些真正好脾气的人，甚至不惜模仿他们的言行举止，然而最终都是白费，因为你根本从未真正了解过自己的愤怒到底从何而来。

所以，好脾气是装不来的，除非你通过真正的自我洞察和修炼，成为一个能驾驭自己脾气的人。

那么，翻开这本书，就是你开始驾驭脾气的第一步。这本书，从头到尾只告诉你两件事：一、什么是愤怒；二、如何驾驭你的愤怒。

愤怒，是种高度紧张的情绪，往往使人觉得不可理喻——尤其是那些可能导致失控和暴力的破坏性愤怒，在发怒的一瞬间，你被愤怒控制，成了它的奴隶。

相信坏脾气的你对此应该深有体会——因一时之怒而与同事、朋友以及家人断绝关系；因瞬间的愤怒而导致你失去工作，甚至几乎毁掉了职业生涯；因耐心用完、火气爆发而伤害了孩子脆弱的心灵（假如你有孩子的话）。

无论如何，失控的愤怒是件可怕的事情，尽管发怒时的你也许根本无意要真正伤害谁。所以如何有效地控制愤怒，成了易怒一族最大的烦恼。就我个人的体验来说（我也曾属于易怒一族），似乎那些常规的自制技巧在愤怒的瞬间根本不管用。幸运的是，尽管我从小就脾气不好，但我这个人天生就有高度的自我反省意识——或许这是我能成为一名心理医生的原因——所以在我年轻时，我就发誓要更好地控制我的愤怒，但是那时的我通常会被怒气牵制，因为我还不知道该怎样才能不让自己感到愤怒或者表现出愤怒，这时常使我的愤怒升级，然后爆发，我为此格外悲伤。

成年后，作为一名年轻的教师，我在南布朗克斯（South Bronx）一所小学任教了六年，这期间我更好地了解孩子们的愤怒，并因此对愤怒的研究兴趣一发而不可收。后来，我读取了心理学硕士学位、博士学位，几年之后，我去了一家精神病医院任住院医生。丰富的临床经验，使我逐渐发现了一些心理自助的方法，来帮助病人理解和控制自己的失控性愤怒。这些方法，为这本书的写作奠定了基础。

1980 年，我开办了一所愤怒管理学校，专门教授月度愤怒管理课程。此外，我还开办了自己的私人心理诊所，专注于个人心理咨询，以及对自己愤怒管理方法的实践。这一克服破坏性愤怒的方法，几乎适用于所有年龄阶层的人。2003 我年出版了《健康的愤怒：如何帮助儿童和青少年管理自己的愤怒》(*Healthy Anger : How to Help Children and Teens Manage Their Anger*)，收到很多读者来信，他们关于愤怒失控的切身感受，以及对书中所讲方法的使用心得，让我大受鼓舞，对自己的方法也更加有信心。

本书是我多年对愤怒研究的结晶，它对于克服长期频繁激烈的愤怒尤其有效。克服破坏性愤怒的关键，在于如何识别并控制引发你愤怒的内在心理因素。它不仅能帮助你克服破坏性愤怒的威胁，还能帮助你学会适当而健康地发泄怒气。你能够洞察自己内心未满足的需要和欲望，正确引导自己的愤怒，学会和别人真正融洽相处，从而以更为健康的方式满足你的这些内在需求和欲望。

书中每一章都会有自我提升练习，帮助你提高你的自我意识，培养健康的愤怒。你可以习得非常具有针对性的观念和技能来有效地解决你的愤怒——从轻微愤怒到爆发性愤怒。这本书，可以让你在相对较短的时间里取得重大改进，培养出更多的耐心和智慧，以及愿意做出改变的意愿。

感谢你的阅读，祝你成功应对这一挑战，早日驾驭自己的坏脾气。

前　言

愤怒是一种高度紧张的情绪，常常让人无法捉摸。消极愤怒，特别是导致暴力冲突的愤怒，对人际关系有极大的杀伤力。选择这本书，代表你意识到了愤怒对人的影响。或许你会将自己的坏脾气归咎于与家人、伴侣或朋友的紧张关系。也许你一点就燃的性格让你丢了工作，或者让你的职业生涯岌岌可危。如果你有孩子，他们可能会因为你的暴躁而畏惧你。无论处于哪种情况，处理愤怒时最大的挑战就是防止它压垮你。

很少有人会教你如何积极地管理愤怒。因此，愤怒让人觉得难以控制。不管你现在用什么方法处理愤怒，《情商大师：如何快速成为一个淡定的人》会教授你克服困难的技巧并替你解答那些烦人的问题。

这本书提供的方法能帮助你战胜有以下特点的愤怒：

- ·程度过于激烈
- ·频繁发生
- ·持续时间久
- ·难以平息

本书将教会你如何发现并控制愤怒的诱因。它不仅能帮助你战胜破坏性愤怒，同时也为训练健康愤怒做了前期准备。你能学会如何减少愤怒的频率，如何辨别那些会诱发愤怒的未了需求和渴望，以及如何通过与他人相处来实现这些需求和渴望。

八岁时，有一次我跟哥哥起了争执。当时我们住在一栋四层楼房的二楼。只有我们两个人在家，哥哥因某事嘲笑我，最终我们扭打了起来。他坐在我身上，压住我的双手，让我在地上无法动弹。我没有办法摆脱他，于是我开始竭尽全力大叫。事实上，我的目的是通过吵到邻居而让他难堪。最终我放弃持续的扭打和尖叫，大叫了一声："叔叔！"他才肯放开我。

虽然表面上看起来很平静，但我内心正在咆哮。我慢慢地走开，抓起最重的鞋子朝他头上砸。但他巧妙地躲开了。那只鞋子最终砸中客厅的窗户，跟着玻璃碎片一同掉在了楼下的街道上。

我记得当时自己马上觉得羞愧。我砸碎了玻璃还弄坏了百叶窗，同时我还在担心掉落的玻璃碎片会伤到路人。这扇窗正好在楼下大门的正上方。当我从另一面窗户向外望时，我已经做好了准备看到有人因我们的冲突而受伤。万幸的是，当时没有人出入大门。

这只是一系列事件中的一个例子，这些事件让我意识到了我难以控制自己的愤怒，并且很寻常的恼火会演变为怒不可遏。

庆幸的是，我是一个懂得克制和擅长自我反省的人。它们可能是我成为治疗师的前提条件。

最后我发誓要控制自己的愤怒，但都有始无终。有时候我会认为自己不应该表现出或感到愤怒，然而结果却不尽如人意，我的愤怒常常在心中不断增强，在遇到下一个触发额外伤痛的人或事时迅速爆发。

几年后，我在南布朗克斯的一所小学里教书。在我教书生涯的第六年，我开始对孩子及我自己的愤怒感兴趣。我取得了心理学硕士学位，并回到学校攻读博士学位。几年后，我在一家精神病院住院部工作。这些早年经历帮助我发展了这本书中的理论及方法。

20 世纪 80 年代，在门诊及住院部工作时，我开始为一些学校、家长和公司提供愤怒管理讲习班。1994 年，我开设了每月一次的愤怒管理课程。同时，我也提供练习健康愤怒的咨询服务和心理疗法。

这本书适合任何年龄层次的人，是基于我 2003 年那本《健康的愤怒：如何帮助儿童和青少年管理自己的愤怒》而创作，但又提出了很多关于愤怒管理的新方法。本书中的小短文能帮助人们发现愤怒的原因并学会运用这本书中的观点。这些小短文源于我的一些客户，出于隐私保护，我修改了某些细节。每一章节末尾的练习能够强化学习，帮助你提升自我意识，向健康愤怒迈进。

你会学习到特殊的态度和技巧从轻度到重度来对自己的愤怒进行划分。你也许可以在很短的时间内就有显著的成效，但拥有长远的改变需要努力和耐心。你需要有一定程度的挫折承受能力：能够忍耐学习新技能时产生的不适和紧张感。

感谢你阅读这本书，衷心希望你能成功地解决自己的问题。

此外，我要感谢所有在这本书的准备阶段做出贡献的人，这是一个团队合作的成果。

再一次，我想要对我的朋友、经纪人、合著者［杨·福西特（Jan Fawcett）］、南希·罗森菲尔德（Nancy Rosenfield）表达我最深的谢意。他们通过不断地问问题和给予反馈为我指明方向，帮助我清晰地阐述自己的观点。我还要感谢这本书的编辑，琳达·斯特兰奇（Linda Strange）、温蒂·劳伦斯（Wendy Lawrence）和汤娅·伍德沃思（Tonya Woodworth）。他们每个人都为这本书做出了贡献。他们的反馈帮助我成为一个更好的作家。我终于意识到"越少越好"的真正含义。我还想要感谢制作编辑考特尼·庞德（Courtney Bond），将我的原稿转化为一本书。还有帕特丽夏·罗宾博士（Dr. Patricia Robin），耐心地阅读了所有的手稿并做出了真诚清晰的反馈，帮助我进一步拓展和厘清自己的想法。我还要感谢办公室里一直支持我的同事们。

我一直坚信，要成为优秀的治疗师，我需要活到老学到老。因此，我还要特别感谢那些启发我不断努力并写出这本书的研究者和先驱者。

最后，还要感谢那些与我共事和那些与我分享自己个人生活的客人。

Part One　第一部分

何谓愤怒——
一种负面却必不可少的情绪

第一章 理解：非健康愤怒与健康愤怒

像所有情绪一样，愤怒也是有目的的，正如宝宝哭是想要吃奶或被抱起一样。孩子和大人的愤怒通常源于某种不适感。婴儿用啼哭作为寻求帮助的方式，他们用这种强烈的通用语言来表达："我需要帮助！"

你的愤怒也是一种呼救，是你渴望从那些你不能完全认可甚至无法理解的痛苦和不幸中解脱出来的表达。好像婴儿啼哭一样，你的愤怒是在产生不悦感时爆发出来的一种暂时性反应。你想要被同情、理解、善待和关爱。然而与婴儿不同的是，你能够认识并处理自己的愤怒；更厉害的是，你拥有将消极愤怒转化为健康愤怒的能力。

一种让人难受的身心体验

当你认为某些人或某些情况危及你最重要的需求和渴望时，愤怒就产生了。当你察觉到有东西对你的身心健康、利益或你爱的人产生威胁时，你就会防御性地集中注意力在导致你愤怒的因素上，试图消除这些真正的或想象出来的威胁。

生气时的感受、想法和生理反应相互作用，让愤怒这种身心体验充满紧张感。你或许为了缓解这种紧张感，产生冲动的想法，或做出冲动的事。事后你会说"我当时气炸了""我真的火冒三丈"或者"我不得不发脾气"。作为一种明显又与生俱来的情绪，愤怒常常是对下列感受的直接反应和摆脱方式。比起愤怒，这些感觉更让人难受。它们是：

羞耻　拒绝　抛弃
负罪　害怕　背叛
焦虑　受伤
挫败　缺陷

什么时候你该当心自己的愤怒

事业止步不前，人际关系紧张，与社会隔离，滥用药物，郁郁寡欢，过度内疚及羞耻，甚至失去自由。也许因为爆发太快、太过猛烈、太过频繁和持久，你觉得难以控制自己的愤怒。以下这些方法可以帮助你判断自己的愤怒是否存在问题：

1. 怒气上升得非常快，在几秒内从 0 直升到 60

2. 被别人称为"暴脾气"

3. 一天里总会产生几次或轻或重的愤怒感

4. 容易变得有攻击性

5. 对人或事常怀有敌意

6. 在工作或日常活动时，人际交往中总会动怒

7. 很难平息自己的怒气

愤怒的种类

在你准备对抗愤怒之前，我们先来区别几种与愤怒相关的情绪。

愤怒是一种与生俱来的情绪，它会让人产生不舒服的身心体验，并刺激我们去处理自己的需求、欲望及感知到的威胁。

攻击性是一种用行为表达愤怒的方式。它试图通过动作或言语来伤害别人。我们称之为愤怒的行动化。

敌意反映了一种长期的、肆意宣泄的愤怒。常伴有恶意、怀疑、厌世、讽刺，以及对所有看见并感受到的不公过度警觉。

盛怒是最高级别的愤怒。盛怒者很可能失去理智，不受控制地进行破坏性行为。

怨恨是一种持续不断的，并会连带刺激出其他消极情绪与思想的愤怒。如果忽视它，将导致眼界变窄，更易动怒。

愤怒的表达方式

人们试图用一些固定的模式来表达愤怒。愤怒分为攻击式、消极对待式、沉默式、否认式及自我抨击式。

攻击式愤怒

· 所有愤怒中最严重，问题最大的

· 非常显而易见

· 可能包含威胁、攻击及伤人的言语；有肢体冲突或破坏性行为

· 声音很大、吓人、容易引起恐慌

· 常包含一定形式的人身侵犯

· 可能需要司法介入

消极对待式愤怒

· 常常不作为而让他人或自己遭受痛苦（如故意无视伴侣的请求，不做任何准备参加工作会议而影响同事状态）

· 意在伤害、激怒及打击他人

· 被揭穿时通常予以否认

沉默式愤怒

· 拒绝谈论某一话题

· 呈现"冷暴力"，时间不定，也许是几小时、几天、几周、几个月甚至几年

· 当有人试图谈论这件事时反而会适得其反

否认式愤怒

· 否认或抑制自己的愤怒

· 产生原因往往是因为害怕失去掌控、被拒绝、被惩罚，或在他人愤怒时无法制止对方

自我抨击式愤怒

· 常常和否认式愤怒一同出现

· 通常迅速地将愤怒的对象从他人转化为自己

· 对需求和欲望的实现变得悲观及束手无策

· 有时会迅速地演变为过度的自我批判甚至是自我惩罚

· 常常伴有沮丧的情绪

愤怒处理习惯形成的原因

你如何处理愤怒取决于长期以来你的想法、感受及身体反应相互

作用而养成的习惯。因为不同的原因，愤怒的速度、引发愤怒的情形，及你对愤怒的反应都产生了固定的模式。正如其他性格特征一样，这些习惯也是先天拥有和后天培育所养成的，生理构造和生活经历一同影响了你大脑中的神经通路。

生物倾向

研究表明，一个人的基因构造可能影响其产生愤怒的速度。[1][2][3] 这一点可以非常直观地从婴儿身上察觉到。当你在婴儿面前挥手时，有的婴儿会马上有反应，皱眉、大哭或者扭动手脚；而有的婴儿则显得略微被动，只有很小的反应。

个性，基因构造的一部分，造就了随和、变通、执拗、好胜、迟钝、谨慎等不同的性格。[4][5] 这些性格在幼儿时期就已经有了表象，并且会影响你的易激动程度。分析荷尔蒙、生物酶及神经递质在激发愤怒中

① M. 罗伊特，B. 韦伯，B. 菲巴赫等. 愤怒的生物学基础：与基因代码 DARPP-32（PP1R1B）和杏仁核体积的关联. 大脑行为研究 .202 .2009：179~183

② A. 约翰逊，P. 桑迪拉，J. 克兰德等. 愤怒管理的遗传性及酗酒的影响：对自我报告的研究. 生物心理学 .85.2010：291~298

③ X. 王，R. 特里维迪，F. 崔伯等. 基因及环境对愤怒表达的影响. 约翰·亨利森. 与应激性生活事件：佐治亚双生子心血管研究. 身心医学 .67（1）.2005：16~23

④ M. 加齐诺，J. 李克特. 愤怒与健康人的社会行为、气质和性格有关：探索性研究. 社会行为和性格 . 37（9）.2009：1197~1212

⑤ M. 罗斯巴特，J. 贝茨. 孩童心理学手册. 第三卷中的气质：社交、情绪和性格的发展. 编辑：威廉·达蒙，艾伦·艾森伯格，理查德·勒纳等. 纽约：威利 .1998：105~176

起的主要作用，已成为科学研究的新宠。①②

依恋类型

孩童时看护人对你的照顾方法，对你成年后处理愤怒的能力有着很大的影响。发展心理学家玛丽·爱因斯沃斯（Mary D.Salter Ainsworth）进行了许多关于亲子依恋的研究。③她让孩子和看护人进入堆满玩具的房间，进而研究看护人在与不在时孩子的反应。

爱因斯沃斯发现，有些孩子是安全型依恋。当跟妈妈分开时，他们显得有些焦虑不安；但当妈妈回来时，他们又变得自在起来，有了安全感。另一些孩子的依恋方式为回避型。他们一直在玩玩具，并不在意妈妈是否在房间里。第三类，爱因斯沃斯称为矛盾型。这些孩子在妈妈离开期间很沮丧，并且在妈妈回来后也无法平复。他们的表现更为愤怒或消极。之后其他研究者将不适用于这三种类型的孩子称为混乱型。④这些孩子有时靠近有时又躲避自己的妈妈，认为妈妈既亲近又危险。

爱因斯沃斯总结，在儿童发展早期，如果看护人一贯在第一时间

---

① M.罗伊特.愤怒和攻击性的群体分子遗传：艺术的现状.国际愤怒手册：成分及伴随的生物、心理和社会过程.编辑：M.珀特哥，G.施泰姆勒，C.斯皮尔伯格等.纽约：斯普林格科学.2010：27~37

② A.J.邦德，J.温格列夫.愤怒的神经化学和药理学.编辑：珀特哥等.国际愤怒手册：79~102

③ M.D.爱因斯沃斯.非亲子依恋.美国心理学家.1989.44（4）：709~716

④ K.里昂露丝，D.杰克伯兹.依恋混乱：未解决的迷茫，关联性暴力，行为和注意力的策略失误.依恋手册：理论，研究和临床应用.编辑：J.卡西迪，P.R.谢弗.纽约：吉尔福德出版社.1999：520~554

恰当地处理孩子的需求，那么孩子就会和看护人产生安全型关系。[①] 这些孩子往往相当自信并且不容易缺爱，因而更可爱讨喜。而那些在看护人态度忽冷忽热、反复无常的童年中成长的孩子，往往会产生非安全型关系。这类看护人的孩子在他们的依恋关系中表现得更为焦虑不安。

其他研究者发现，这些早期依恋模式对情侣间的安全感与信任度有着一定的影响。[②] 这些研究将情侣依恋关系分为：

1. 安全型。对自己及伴侣都保持乐观友好的态度。

2. 痴迷型。这类人对自己不认可，但对伴侣十分信任依赖。

3. 恐惧回避型。这类人对自己及伴侣的态度都是消极的。

4. 轻视回避型。这类人肯定自己的价值，却对伴侣表现得消极。[③] 当遭遇不幸时，这种不安及回避的模式更容易导致愤怒，并且愤怒的程度更高。[④] 通常，这些模式对愤怒有很大的影响，尤其是在亲密关系之中。

学习

在性格形成期，你会通过以下途径学习如何处理自己的愤怒及情绪。

·媒体：电视、广播、书籍、杂志、电影、音乐、电子游戏以及网络

[①] M.D.爱因斯沃斯，M.C.布莱哈，E.沃特斯，S.D.沃尔.依恋模式.希尔斯代尔.新泽西.埃尔伯出版社.1978

[②] A.丝霍勒.导致自我失调和紊乱的因素.纽约.诺顿出版社.2003

[③] K.巴塞洛缪，L.霍罗威茨.年轻人的依恋模式：有四种模板的测试.个性与社会心理学杂志.61（2）.1991：226~244

[④] A.特洛伊西，A.D.阿甘尼奥.年轻人愤怒和沮丧的临床案例：不安全依恋.情感性精神障碍杂志.79.（1）.2004：269~272

· 父母

· 兄弟姐妹

· 同龄人

· 牧师

· 老师、亲戚及其他长辈

你会直接或间接地接收到这些信息。直接信息对处理愤怒有着明确的预期及规则。比如：如果你父母告诉你生气时不要大声说话，这就是直接信息。再如，父母可能会因为你跟兄弟姐妹打架而训斥你；或者他们告诉你"被打了就要还击"；又或者让你生气时也要讲道理，而不是用暴力或者说脏话。

相反地，你也会通过观察别人的行为这种间接信息，来形成自己的行为模式。比如：爸爸对妈妈大吼大叫，他相当于给你做了如何处理愤怒的示范，并且间接定性了男女相处模式。无论妈妈是让步、哭泣还是反击，都进一步给你做了示范；你的兄弟姐妹怎样处理他们的愤怒，也潜移默化地影响了你的愤怒处理方式。

你也可能从他人对你表达愤怒的方式中了解愤怒。打骂，或许你也曾遭遇过，看起来是一种直接的愤怒表达方式，但其实这种行为传递的是间接信息，因为感受是难以言表的，无法直接表达出来。而且这种愤怒很有力，并且会持续很久。请注意，我不是在暗示做错事责骂或轻轻打屁股会造成终生的心灵创伤。这种惩罚手法的确会传达"身体攻击比其他方式更有效"这样的信息，但它也能让孩子更好地理解自己的感受。

　　我很多的客户并不重视他人的行为对自己的影响。他们常常轻描淡写地表述自己的遭遇，以此来掩盖当时的愤怒和无助。

　　你的监护人是否会在你遭遇情绪上的挫折时去倾听，去确认你的感受，教你如何处理愤怒，都会影响你之后的感情宣泄。比如，你表现出痛苦时你爸爸不准你这么做；或者更糟的，他以此为耻。

　　如果你是男性，你的看护人很可能鼓励你遵守"男性法则"。[①] 比如真正的男子汉从不慌张，从不急躁，更不自卑。讽刺的是，这个法则常常带有副作用，那就是为了摆脱羞耻感而产生的勃然大怒（请参考第九章）。

　　如果家人对你的遭遇漠不关心，这就可能间接导致之后你都会避开从他人那里寻找慰藉。不幸的是，这么做会让你变得沮丧和孤立，从而激发愤怒。

　　这些直接及间接的信息很多都是相互矛盾的。有的人认为所有愤怒都是无用的，应该避免；而有些人则认为只要不表露出来，生气也无妨；还有些人觉得我们就应该尽情宣泄怒气，怎么高兴怎么来，不需要考虑对别人的影响。显然，我们很多人都曾接受这些矛盾的愤怒处理方式的熏陶。

大脑科学

　　近几年，神经学家运用磁共振成像或功能性磁共振成像（磁共振成像的一种，通过测量血流量及血氧水平形成大脑成像），从而研究大

---

　　①　W. 波拉克. 真正的男孩. 纽约：猫头鹰出版社. 1999

脑是如何激发愤怒的。以艾伦·斯霍勒（Allan Schore）为代表的一些学者主要研究母婴关系及其对大脑的影响。[1][2] 斯霍勒将依恋理论重新定义为调节论。[3] 他认为，大脑系统在调节情绪上的发展方向，与幼年早期跟妈妈的互动情况密不可分。能够察觉孩子易激动，并能帮助他们控制激动程度的妈妈，往往有助于孩子大脑的发展。早期的互动实质上影响了我们面对威胁及负面情绪时的反应。

研究进一步强调了杏仁核（位于大脑深处的杏仁状组织）的作用。杏仁核与下丘脑、水管周围灰质共同组成了一个叫作"威胁系统"的神经系统。作为"旧脑"的一部分，这个系统控制恐惧、生气及高兴等情绪的产生。

你的杏仁核传递神经冲动至下丘脑，刺激交感神经系统，从而产生应激反应。这部分大脑保存了你的情绪记忆。相反地，你的前额皮层（常被称为"新脑"），则负责高级推理。它通过对信息的处理来决定是否要采取行动，并控制面对威胁时产生反应的冲动程度。正如这本书所表现的，这些系统对愤怒的感受及激发有着显著的影响。这本书中的每一个练习，都能帮助你积极地运用新脑，通过推理去面对真实的或想象出来的威胁。

记住，你对愤怒的态度及所有关于愤怒的信息都会在大脑通路中保留。[4] 当你不断地用同种态度产生愤怒时，这些神经通路上的神经元

---

① D. 西格尔. 发展中的心智. 纽约：吉尔福德出版社.1999

② T. 丹森，W. 佩德森，J. 龙基略，A. S. 南迪. 愤怒的大脑：愤怒的神经关联，愤怒反刍，好斗性格. 认知神经科学杂志.21（4）.2009：734

③ 斯霍勒. 导致自我失调和紊乱的因素.80

④ 西格尔. 发展中的心智.24

发生强烈的连接，最终形成一种习惯。但是神经学家表示，人们可以重新调整自己的大脑，培养新的思维及反应方式，可以让神经细胞跟其他神经元形成新的连接，进而在大脑中产生并强化新的模式，形成新的习惯。这本书就是建立在这种神经可塑性的概念之上，以它为基石的。① 你可以摈弃过去，用新的方式来处理愤怒。

愤怒是什么样的

我们通过几个案例来看看愤怒是如何让人从威胁感上转移注意力的。我们还可以观察愤怒所伴随的消极情绪及怎么才能让人对愤怒进行回应。

二十九岁的杰瑞，是一个电脑程序顾问，他是这样叙述参加愤怒管理课程的原因的：唉，我的确发了太多次火，所以上司让我来参加这个课。我知道自己在工作时经常变得愤怒。我朝同事大吼大叫，还会针对客户，有的时候根本就是在嘲笑他们。当然，事后我向他们道了歉，但于事无补。这次我真的害怕会丢了工作。

玛丽艾尔是两个孩子的母亲，她表示喜欢对自己三岁的女儿嚷嚷并贬低她，而这种行为让她感到十分愧疚。她是这么说的：我很害怕

① A.帕斯考尔－利昂，C.弗莱塔斯，L.奥伯曼等.运用 TMS-EEG 和 TMS-fMRI 描绘大脑皮层的可塑性和网状组织动态来分析不同年龄层的健康与疾病状况.脑地形图.24（2011）：302~315

我会打她，我怕自己会变得跟我妈妈一样！我发誓我永远不会变成她，但却控制不住自己。雪莉太固执了，她不肯听我的话。她真的太固执了！每次她这样我就会控制不住自己，但至少我还知道我需要帮助。

布伦特，三十岁，长期的敌对态度影响了他的生活，已寻求帮助若干年。他说：愤怒阻碍了我每一段恋情。只有一次是我提出分手，其他三次都是因为女朋友无法忍受我而离开的。我从未打过她们，但几乎快要动手了。我会砸东西，好几次把台灯或杯子摔在地上或墙上。这次我真的好爱我的女朋友，我不想失去她。希望还来得及。

杰瑞担心会因为愤怒而丢掉工作。当客户咨询问题时，他常常很快感觉受到威胁并产生强烈的不安感，觉得自己无法胜任。他通过直接宣泄自己的愤怒，来摆脱这些不适感。第一步，他应该增强自我意识，这样才能找到引发愤怒的痛苦源头。

玛丽艾尔对自己的愤怒十分内疚。她觉得无法自控已经对自己和女儿产生了威胁。接受这本书上所介绍的训练后，她终于发现内心深处的自卑是自己的问题根源。因此每当女儿不愿意顺从她时，就会怒气冲天。她意识到女儿的行为让她觉得很无助，这种感觉她童年时也曾经历过。通过这本书你会发现，无论是近期的诱发事件还是过去那些你觉得没有对你造成很大伤害的事情，都会导致你"此刻"的爆发。

有些人一生都处在一种敌对状态。这种状态会显现在一段关系的方方面面。在布伦特的案例中，因为害怕失去迫使他寻求帮助。他知道是幼年的经历导致自己难以信任任何人。布伦特六岁时爸爸就去世了，十二岁时，妈妈已经再婚并离了两次婚。因此，在一段关系中，他会迅速地产生危机感并容易变得愤怒，原因是怕受伤和再次被抛弃。控制欲和愤怒成为他控制自己生活的主要手段，尤其是对他最珍惜的人。

通过对自己愤怒的探索和深入了解，杰瑞、玛丽艾尔和布伦特变得更有自我意识，更加了解自己。虽然原有的习惯并没有因此而自然而然地发生变化，但他们朝前迈进了一大步，他们开始对愤怒有了积极的回应。最终，他们学会了更自信地与他人接触交流，明白这样才能更为有效地满足自己的需求和渴望。他们需要一些新的方法来降低愤怒的表达程度，这些新的习惯就是健康愤怒。

健康愤怒

你的第一反应可能是：愤怒还有健康的？所以，在深入话题之前，我先给健康愤怒下个定义：

1. 健康愤怒表示去观察和体会你的愤怒，能够对愤怒做出反应，而不是被它弄得不知所措。

2. 健康愤怒表示能够明白愤怒是想要表达情绪、想法及生理感觉之前的一个信号。

3. 健康愤怒表示把愤怒看作一种辨明内心深处真正的渴望、需求和价值取向的信号。

4. 健康愤怒需要培养一定的自我同情，包括提升安全感和人际交流的技巧。

5. 健康愤怒包括能合理地宣泄愤怒，而合理地宣泄愤怒也包括原谅他人和自己。

6. 健康愤怒包括一些不给自己和他人造成痛苦的宣泄方式。

7. 健康愤怒表示学会如何自信地与人交流。

8. 健康愤怒能增强你的恢复能力并大体保持身心愉悦。

9. 健康愤怒需要你学会同情他人。

获得健康愤怒的途径

这本书通过解说与训练，以三个分支的形式来呈现获得健康愤怒的途径：正念与正念冥想、自我同情及自我意识。这里，我简单介绍一下关于这三方面的相关研究。

正念与正念冥想

正念与正念冥想（在第三章及全书都会有进一步解释）能够帮助你来检测自己的相关经历，并且无须对其做出反应，也不会被这些经历再次伤害。尤为重要的是，这项练习能够让你知道，想法、感受及身体反应都是暂时性的而不是自我的一个固定组成部分，你有很大的自由去选择如何对它们做出反应。

自我同情

这本书所提供的获得健康愤怒的方法主要是基于同情聚焦理论和同情聚焦治疗的研究和测试。[①] 自我同情以认知行为疗法为主，依次结合了进化论、社会理论、发展理论、佛教心理学及神经系统学。研究

---

① P. 吉尔伯特 . 同情聚焦疗法 . 纽约：劳特利奇出版社 .2010

表明，人的大脑进化出了三种激励力量。第一种力量帮助你寻找和保持安全，提醒你潜在的威胁。第二种力量，理想化来说，出现在你早期的儿童时期及大部分恋爱时期，以对温情的需求及与他人的关系为中心。第三种力量推动你去获得人生成就感，让你专注在达成人生目标上。

同情也能让人保持冷静并产生安全感，它与正念是相辅相成的。它们一同帮助你减少对愤怒的过激反应，帮助你选择健康的愤怒方式。

自我意识

正念及正念冥想、自我同情都有助于增强自我意识。它们一同强化你选择运用健康愤怒的意识。然而，健康愤怒不仅仅是让你留意愤怒情况，更多的是让你感知并了解自己的想法、感受及生理感觉，以及这三者之间的联系。自我意识还能帮助你制定并完成未来的目标。这一点在你选择生存动机及追求生命成就时，是不可或缺的条件，它能满足你最基础的需求。

如果你按照这个流程来培养健康愤怒，可能会常常觉得心里不舒服，最终影响训练进度。下一章，我们会讨论这些潜在的阻碍。

进一步思考

1. 你最近是怎么处理愤怒的？

2. 在什么情况下你会生气？

3. 你的愤怒对自己和别人产生了什么不良后果？

4. 小时候，你的父母或者其他什么人在愤怒处理上，对你产生了哪些直接的影响？

5. 小时候，你的父母或者其他什么人在愤怒处理上，对你产生了哪些间接的影响？

6. 你觉得哪些来自媒体（电视、音乐、电子游戏和网络）的信息影响了你对愤怒的看法及表现方式？

7. 在青春期或者成年后，有哪件事严重地影响了你对愤怒的处理方式？

第二章　培养健康愤怒面临的挑战

开始前，我们先用几分钟来体会此刻的感受。你是带着兴奋和积极的情绪在继续阅读，还是表示怀疑？你现在是放松的状态，还是忧虑不安？身体是自然的，还是紧绷的？

我问这几个问题，目的是让你更留意自己的内心感觉。这种意识是培养健康愤怒的关键。意识到在培养健康愤怒的过程中产生的负面情绪及感受，也至关重要。虽然你很渴望改变现状，但这些情绪及感受很有可能阻碍你的进程。

你一直以来所用的愤怒处理方式都是有目的的。这些方式是在你感觉受到威胁时逐渐形成的，实际上，它们已经成了一种"情绪壁垒"。

所以，虽然你可能想要学习新方法，但却难以摒弃之前那些看似能够让你全副武装的愤怒处理习惯。

应该改变习惯不等同于意识到自己需要改变习惯

你对愤怒的反应其实已经根深蒂固了。因此，即使你知道自己该做改变却不愿意改变，我觉得用"孩童逻辑"来称呼这种行为再恰当不过了。

当情感战胜理智时，我们就称之为孩童逻辑。这种考虑不周的、孩子般的想法会让你在发生冲突时忽略了一些小细节。因此，有时即使没有真正的威胁，你也觉得紧张不安。举个例子：一个孩子被狗咬了后，就开始怕狗，因为他/她无法理解并不是所有的狗都会咬人。

孩童逻辑不受智力及年龄的制约，这种根深蒂固的思维方式让你很难察觉到它对你的影响。孩童逻辑很大程度上影响了你对他人及自己的期望值。当触碰到导火索时孩童逻辑会让你迅速地对整件事妄下结论。简单来说，就是你的情感操控了理智，让你对威胁过分地敏感，被冲动的想法和行为冲昏头脑。

孩童逻辑的意图是保护你不受伤害。所以即使你坚定地培养自我意识及健康愤怒，孩童逻辑还是能够摧毁你的意志。

你对你认为的自己非常熟悉

我们都有自己的习惯，并且经常表现得像那个我们所熟悉的自己。因此，很多人可能会认为自己的性格是固定不变的。你会严格服从这个自我，担心一旦改变旧的习惯就不再是自己了。我的客户经常说："如果改了暴脾气我就不是原来的我了。"这句话不完全正确。你的性格是变化的而不是固定的。虽然你可能在一生中很多方面都一直保持一致，但每当你有新的人生经历，都会在某种程度上重新塑造你。

练习这本书中的技能会让你改变。培养健康的愤怒会对你和他人、和整个世界、和自己的关系产生积极的影响。

愤怒的结果

愤怒在短时间内是非常有效的，它能让你从痛苦和危机感中脱离出来。你可以用愤怒让他人不安和害怕。这种愤怒让别人觉得受到威胁，让你处于上风。但如果经常对某人直接动怒，虽然看起来好像让对方变得无助，但事实上，这个人最终会彻底地从你身边消失，让你觉得更孤立无援。

学习新技能时的紧张感

人们在学习新技能时常常觉得不舒服。这可以理解。想一想你掌握的技能，比如演奏乐器、操作某种计算机程序、公开演讲。最让人紧张的通常是第一次学习这些新技能的时候，因为你会自我怀疑，会不耐烦，会显得很笨拙。掌握一项新技能需要有挫折忍耐力。为了实现目标，我们必须妥善处理这些暂时让人难受的感觉，要相信自己，明白犯错是学习的一部分。

但这也许对你那了不起的孩童逻辑是一种莫大的威胁。你会觉得："学习新技能应该很简单"或者"我不学都应该会"。更糟糕的是，你觉得自己必须表现得完美。这些容易激发焦虑感的想法经常让我们放弃学习新技能。

喜欢愤怒时产生的生理快感

当你愤怒的时候，身体释放一种叫作皮质醇的荷尔蒙来帮助你对压力做出反应。你会体验到一种生理快感，把所有的自我怀疑都击碎，让你觉得重获新生，充满活力。然而，这种快感由孩童逻辑组成，它会削弱你良好的判断能力。

当感觉受到威胁时，你很难集中注意力去留意自己的内心感受。想要培养长期的健康愤怒需要足够自信，自信能给你力量和满足感。

通过不停地发火来逃避承担责任

做决定并不容易。而愤怒可以让你免于对自己的决定负责。生气时更容易将责任推卸给别人。

我所接触的客户中有上百人不断地对父母、兄弟姐妹、员工、伴侣、前任及其他一些他们认为应该对自己的不幸负责的人发火。有些人在追寻梦想时受到挫折便常年地心怀怨恨。他们把怨气撒在那些早已从他们的生活中退出的人身上。

也许你知道不停发火的结果却故意地借此来逃避责任。譬如我班上的一个分享者——杰克。

我知道是我的愤怒赶走了未婚妻。但是，我不想负责任。我不想控制自己的愤怒。家中我有四个兄弟姐妹，我是老大。在我八岁时爸爸就去世了，从那以后我觉得自己一生都要对这个家负责任。

杰克并不想摆脱自己的愤怒和痛苦，因为他觉得生活待他不公。他还没准备好克制愤怒。

依赖感对承担责任的破坏

培养健康愤怒需要全身心投入，即使你觉得不一定能完成任务。尤其是对那些明明能够拥有，却没有把握住机会，还不思悔改的人来说更需要如此。他们不断地希望从他人那里获得同情，而不是他们自己。而有些人则渴望有人来治愈自己因希望落空而留下的心灵创伤。也许，你自己都没有意识到，你希望别人能来照顾你，把你从痛苦中解救出来。为了满足自己的需求，太过专注于伴侣、工作、孩子甚至是宗教信仰。你太过倾向于从他人那里获得照顾以至于忽视了两个非常重要的概念：

1. 别人或许是爱你的，但是最终你的人生规划和意义是靠你自己勾勒和决定的；

2. 别人或许会对你抱以怜悯之情或爱意，但是接受这份爱，并同情自己是你自己的责任。

自我反省并不好受

在这本书里，我会鼓励你进行自我反省，虽然有时候因为种种原因，自我反省并不好受。你越是严厉地批判自己的感受，就越不愿意去承认。此外，还会产生一些让自己痛苦的情绪。这些情绪一直伪装在愤怒或其他一些干扰性情绪当中。

自我反省很多时候需要独处。只有在平静安宁的情况下我们才能集中注意力在精神层面。我们的社会文化迫使我们去社交，去赢得他人的肯定，同时也抑制了我们对独处的渴望。独处和反省都是维持和巩固我们的信仰和价值观的必要因素。虽然，与别人建立亲密关系常常被视为保持心理健康的良药，但独处能力也同样重要，而且经常被忽视！

糟糕的是，自我反省常常会被认为是自大的表现，或者被认为是一种缺点。当你还是孩子的时候，会觉得让父母、兄弟姐妹或其他一些亲人高兴是你的责任。你太过专注于顾及他人的感受而忽视了自己的需求和渴望。①

或许因为耳濡目染了一些贬低自我反省的信息，你也对自我反省持反对态度。我的客户经常分享一些别人对他们的评价，比如："你想得太多了""你多心了"或者"不高兴的时候你让自己忙一点就好了"。这些言论都表达了人们对自我反省的不重视。

其他活动或许在短期内更有效

培养健康愤怒需要全身心投入，需要尽最大的努力。很多活动都比自我反省更立竿见影。其实，人们普遍都喜欢一些有意思的短期娱乐活动，而不是那些能让你长期受益的活动。想要娱乐休闲的念头常

①　A. 施托尔. 独处. 纽约：自由出版社. 1988

常会跟训练健康愤怒产生冲突。因此，你必须有长远的考虑和大局意识。这项训练可能会让人备受煎熬，但这也是让你学会自律的一个基本要求。

愤怒破坏了你的努力

愤怒可能会破坏你的努力。也许在训练时你会心怀怨气，你也许会怨恨那些不理解你的愤怒的人，也许你不愿意付出时间和精力在训练上。

我们会很自然而然地把自己和他人进行比较。在比较的时候，你会发现有些人在遭遇挫折后恢复得比你快，但有些则难以渡过难关。这样的比较会阻碍你认清自我，阻碍你去寻找真正能解决易怒情绪的方法。

当人们对现状不满时就会心怀怨恨。但他们却也没有因无法成为心目中的自己而痛改前非。正因如此，任何形式的攀比都会逐渐破坏寻求改变的必要条件（自我接纳、遗憾、全身心投入）。

如何提高自己对挑战的认知度

以下这些方法可以提高你对潜在困难的辨别能力。在学习新的技巧时，它们能够帮助你留意自己的想法、感觉及生理反应。

1. 回顾这一章节，找出那些可能会对你专心练习健康愤怒产生最大影响的挑战。

2. 列出 5 个你希望通过训练可以解决的问题。

3. 寻找真正支持你的人。虽然，在生活中，当你想要做出改变时泼冷水的人总是多于鼓励者，也要去找出那些鼓励你的人。

4. 经常回顾这一章节，找出那些无时无刻不在影响你的挑战。

5. 参照后面章节中的练习，帮助自己正确处理这些困难带来的影响。只要你跟着训练一步步走，你就会慢慢感受到自己想要转变的决心，而不是单纯地认为自己应该做出改变。

对困难的辨别能力包括读这本书及做训练时能够意识到困难的出现。下一章将谈到的正念和正念冥想，会帮助你建立这种意识。

进一步思考

1. 在你成长过程中，接收的哪些信息与自我反省、自我探索及自我好奇有关？

2. 在你成长过程中，接收的哪些信息与试图用愤怒操控他人有关？

3. 你过去有没有因为自己的不安感，而频繁地对某个人发火？有哪些事是你克制住自己不去发火的？

4. 你是如何意识到那些会妨碍你专心训练的挑战的？

5. 虽然他人可能是你愤怒的导火索，但你的愤怒程度和处理愤怒的方式是你自己决定的。现在，请感受一下你对这句话的感觉。当我告诉你"你如何宣泄自己的愤怒，完全是你自己的事，你需要对此负全责"，你是什么感觉？

第三章　正念与正念冥想的作用

　　愤怒，这种强烈又充满挑战的情绪，会不由自主地控制你的注意力。这不难理解，当你觉得受到威胁时，自然而然地只想变回安全状态。但这一点，对理解愤怒及对愤怒做出积极回应是一种阻碍。

　　培养健康愤怒，你需要在愤怒压垮你之前，能够意识到自己的注意力开始集中在某个点上。正念与正念冥想可以帮助你产生这种意识。

　　一些东方宗教运用正念与正念冥想已经将近两千年了。最近几十年，西方的心理健康学家开始研究它们对身心的益处。他们发现，正念与正念冥想对治疗焦虑、抑郁、慢性疼痛及上瘾有显著疗效 [①]，并且

---

　　① 　H. B. 阿伦森 . 西方佛教事件 . 波士顿：香巴拉出版社 .2004

能够提高生活质量。

在培养健康愤怒时练习正念能够让你有以下收获：

· 让自己的想法、感受如过眼云烟一般烟消云散

· 意识到自己的想法、感觉及各种感受只是一种大脑产物，而无法用来定义你自己或你的处境

· 明白你的需求及渴望其实就是你人生中最在乎的东西

· 意识到是你的情绪、想法和生理感受导致你变得愤怒

· 能在愤怒形成初期抓住阻碍和影响它的机会

· 能够辨别出那些不实际的期望，这些期望往往会产生不必要的痛苦和愤怒

· 降低情绪反应的速度和强度 [①]

正念

正念，需要你增强好奇心去观察自己的想法、感觉及身体感受，同时也要观察周围发生的变化。它呼吁同情地、客观地、温和地对待自己。乔·卡巴金（Jon Kabat-Zinn）定义正念为"随时随地的，一种客观意识，靠集中注意力才能产生，并且越主动、越客观、越心悦诚

---

① C.L.M.希尔，J.A.厄普德格拉夫.正念及其与情绪调节的关系.情绪.12（1）（2012）：81~90

服越好"。①

让我们来看看你现在能感受到什么。你听到了什么声音？人声、电视或广播声，鸟叫还是救护车在街上飞驰的鸣笛声？你闻到了什么？你周围的空气干燥还是湿润？有没有风？看看你的周围，留意你所看到的细节。你能细化到颜色、质地和形式吗？通过回答这些问题，你开始对周围的环境有了一定的感知。

现在把注意力集中到内在，地板、椅子、你现在坐着的沙发给你什么感受？你觉得放松还是紧张？肚子有没有在咕咕叫？有没有其他的生理感觉？

现在来留意你的想法。你是不是在想看完书后吃什么？你对第二章所谈论的那些挑战有什么想法和感受，比如，因为要改变你的愤怒模式而崩溃或受到刺激？不要对想法的内容过于专注。

最后，观察你的感受。焦虑、放松，还是愤怒？

正念，培养健康愤怒的方式之一，需要你去观察和感觉自己的内心感受，而不是去分析它。就好像你看见天空蔚蓝清澈，品味出早餐的咖啡醇厚香甜，听见清晨的闹铃嘀嘀响，呼唤你开始新的一天一样。

精神病学家丹尼尔·西格尔（Daniel Siegel）表示，我们用第六感来观察自己的身体，用第七感来观察我们的想法、感受、记忆、希望和梦。②集中注意力会让你专注于现在而不是过去或将来。

试一试下面的练习，来看看当投入在感受中时，你的观察力能有

---

① J.卡巴金.唤醒自己的感觉：用正念治愈我们自己和世界.纽约：亥伯龙出版社.2005.108
② D.西格尔.心灵视线.纽约：班塔姆.2010.1

多形象。①

练习：细细地品尝

请放一颗葡萄干（或者其他水果干）在手上。把它在手指和手掌间来回摆弄。想象自己是一个从没有见过葡萄干的孩子。

将这颗葡萄干举起来，全神贯注地观察它。看看它的颜色、它褶皱处的光影和它一些独一无二的特点。

在手上移动它，用手指和手掌触碰它。你可以闭上眼睛，如果你觉得这样更容易集中注意力的话。

放到鼻子前深深地吸一口它的果香。注意口腔和胃产生的微妙变化。

轻轻地把它放在舌头上，在这个过程中注意手的移动和嘴的变化。先不要咬，用舌头来感受它的形状及质感。然后轻轻地咬住它，同时注意嘴和舌头的运动方式。然后轻轻地咬下去，感受它在舌头上产生的感觉。注意它的口感和味道。在吞咽之前请注意将要下咽的感觉。

注意嘴里遗留的味道和它在你胃里的感觉。

观察自己进行这个练习时的反应或完成后的感受。

集中注意力可以让你认识到愤怒的想法和冲动只是一瞬间的感受，完全可以选择去忽视它们。集中注意力还能帮助你在体验愤怒及附属

---

① M.威廉姆斯，J.蒂斯代尔，Z.西格尔，J.卡巴金.穿越抑郁的正念之道：摆脱慢性的不快乐.纽约：吉尔福德出版社.2007.55

感受的同时不会被它压制。就算集中注意力让你觉得不愉快也不要放弃。

能够告诉自己"这是我现在的想法"或"这是我现在的感受"可以帮助你意识到自己是一个观察者而且处于受控状态。这种意识可以让你在产生愤怒时仔细地选择反应方式，而不会反应过度。

正念无法彻底地拔掉扎在你心里的那根刺，但它能帮助你容忍这根刺并与它和睦相处。正念可以让你懂得守着不切实际的期望很容易引发愤怒。举个例子：通过正念，你会发现"别人应该表现为如我所希望的样子"只是一个想法而已。你可以很容易地察觉到这一点，但你也可以选择相信这就是事实。

正念冥想

正念冥想有各种各样的形式，它们来源于佛教哲学并被西方引进。内观是一种广泛运用于帮助培养正念和自我同情的冥想方法之一。内观的意思是清楚明确地去观察事物的本来面目，把每一部分都看作是独立的。[1]

拉姆·达斯（Ram Dass）是这样描述正念训练的："思绪就如同顺水漂流的秋叶，在涡流的阻碍下时左时右。叶子、思绪，缓缓漂浮，

---

① B.德宝法师.通俗易懂的正念.萨莫维尔，马萨诸塞州：智慧出版社.2002, 33

但你注意的却是溪水。"[1] 冥想能让我们不带评判地观察自己。当我们在思考某种感受时，我们已经不再是观察它了。通过训练，我们可以容忍和旁观自己的任何遭遇和经历，这是培养自我同情的基础之一。

正念式呼吸

观察呼吸，作为冥想存在已久的传统，是开始训练的第一步。呼吸是生命之源，也无时无刻不在提醒着我们，我们还活着。它为我们提供维系生命的元素却不被注意。也正是如此，我们未曾想去控制它或阻止它。

我们无法为未来存储呼吸，任何呼吸都是旋踵即逝的。它将我们定格在现在，定格在此时此刻。禅意的呼吸能将我们从沉迷于思绪和感受中解脱出来。

有很多种正念式呼吸法。以下的方法出自《穿越抑郁的正念之道》和《正念：在疯狂的世界寻求安宁的八周计划》。[2][3]

①　拉姆·达斯. 觉醒的旅程：冥想入门. 纽约：班塔姆出版社 .1990.45

②　威廉姆斯等. 穿越抑郁的正念之道

③　M. 威廉，D. 彭曼. 正念：在疯狂的世界寻求安宁的八周计划. 纽约：罗代尔出版社 .2011.84

练习：正念式呼吸

先做好准备：穿一件宽松的衣服，找一个不会被打扰的地方，坐在地上或椅子上。如果你选择坐在地上，找一个垫子垫高自己，盘腿而坐。这样可以让你的腿或骨盆放松。手掌朝上双手平放在大腿或膝盖上；如果你选择坐在椅子上，选一张直椅背的椅子，双脚自然地放在地板上，挺直脊背。把手放在大腿上来放松肩膀。如果你觉得闭上眼睛更舒服的话，请闭上眼睛，或者看向低处。

观察自己的身体。花一些时间来感觉你的脚部，感受脚趾、脚底跟地面接触的感觉。再去感觉其他接触到地面或凳子的部位。用心去体验这些感觉。

专注在自己的呼吸上。调试呼吸直到找到一个舒服的频率。注意空气进入鼻腔的感觉，体验它慢慢进入肺部产生的生理感觉变化。你可以把手放在腹部，感受吸气呼气时身体的韵律。注意空气在鼻孔中的移动方式，当你的呼吸开始变缓、身体开始放松时，注意腹部及鼻孔的感觉。继续体验呼吸的感受。

观察你游离的思绪。最终，你的思绪会变得游离，注意力会变得分散。这是正常的。这是思维运作的方式，并不代表你做不到或做得不够好。这证明你又重新回到了观察上来，因为你注意到自己游离了。记录下自己刚才在想些什么，然后重新专注于吸气呼气的节奏。

记录自己的思绪。如果你觉得自己做得不对或不好，记录下这些让你游离的思绪，然后温柔地重新集中注意力在呼吸上，持续5~10分钟。

你在做这个训练时产生了些什么反应？我们的目的就是观察自己的感受，记录下这些反应，然后再次让注意力回到呼吸上。训练过程中，一些求胜心切的人需要经常努力地清空自己的思绪；有人表示训练后变得充满活力，身心放松；有人觉得又累又困；还有很多人对自己太过活跃的思绪表示惊讶，甚至是愤怒。

训练过程中，你可能会开始思考一些日常琐事、一些重要事宜，甚至会开始自我批判。也许当你专注于自己的内在时会觉得紧张，好像要违背某些你曾经誓死信守的根深蒂固的观念。你可能会产生一些负面情绪，比如沮丧或焦虑。先把它们都记录下来，之后再做进一步的探索。正念是帮助你了解自己想法和感受的途径，而不是让你无视生活中重要的事情。

这项训练的重点在于呼吸。僧人及作家一行禅师说："当我们觉得自己无法集中注意力或者无论如何都无法控制自己时，观察自己的呼吸能有所帮助。"[1]

相比那些让人难受痛苦的想法、情绪及身体反应，我们大部分人更倾向于那些让人愉悦的身心感受。然而，希望不受伤的这种心态，更容易引发痛苦。正念能够让我们意识到试图躲避消极经历会引发情绪混乱。它帮助我们接受自己的内心感受并且意识到生活不是我们能掌控的。

对于健康愤怒而言，正念需要我们承认自己的情绪，并接纳它对

---

[1]　一行禅师．正念的奇迹．波士顿：灯塔出版社．1987.20

我们的心情、态度及行为造成的影响。变得专注能帮助我们去辨别是何种力量让我们形成了现在这种看待自己、他人及我们周围世界的角度。

通过观察和注意自己的反应，你变得更在意内心世界。重复这个训练能够让你在非冥想时期也保持这种观察内心感受的习惯。

全身心地投入正念冥想

训练正念冥想意味着拥抱新的习惯。在你进行下一步前，以下都是你该考虑的重要因素：

1. 每天选一个特定的时间进行训练。

2. 选一个特定的地点进行训练。

3. 在每个训练开始前就想好自己能够从中收获到什么。

4. 训练初期时间为 5~10 分钟。

5. 至少坚持一周。

6. 给自己一些视觉上的暗示。比如海报、照片、便条或其他容易看见的东西，提醒自己去训练。

7. 当你转移注意力到感觉和想法上时，接受这件事并温和地将注意力重新集中到呼吸上。

8. 当你发现自己开始批判或者过度思考时，记录下来，然后重新集中注意力在呼吸上。

9. 切记，希望所有训练的感受都相同或不同是不现实的。

10. 因为种种原因，"活在当下"会引发焦虑。

11. 能够意识到冥想过程中会有出现"猴子思维（一种不断跳跃的思维方式）"的趋势。[①]

12. 先不管心情，冥想能够让你与自己的感受共存，而不会被它击垮。

另外，请记住，在冥想过程中觉得自己"不够好"，思绪一直游离，觉得这个训练纯粹是浪费时间，或者停留在某个特定的想法中太久。这些想法都是暂时的。记录下自己的想法然后专注在呼吸上。

运用正念原理时不一定要很正式

即使你没有在冥想，每天还是有很多机会可以运用正念原理。早晨起床时，你可以集中注意力感受从睡梦中醒来去迎接新的一天这个过程中产生的不同感觉。你可以感受到头离开枕头时，或者双脚着地时肌肉缓缓的张力。同样，你可以记录从沉睡变清醒的过程中你的想法和感受。

冲淋浴也是练习正念的好机会。体会水打在皮肤上，瀑布般倾泻在脚底，最后流向地面的感觉。你可以在某个区域保持自然的步调来回踱步。找到那个你觉得最安全的地方开始专注于自己的呼吸。

每天进行几次身心反思（评估自己的感觉、想法及生理感受）是

① 宝德法师. 通俗易懂的正念 .33

另一种培养正念的方式。这也适用于正念式呼吸。当你在反思时，你会发现闭上眼睛更不容易受到打扰。这种惯例式的训练能够让你变得更专注。

专注于呼吸能够让你处于观察模式，而不是思考或行动模式。每天花几分钟专注于呼吸可以让你更了解不同的模式。这也能帮助你将正念化为日常生活的一部分。我搭乘公共交通工具时常常会花一点时间来注意自己的呼吸，从而变得放松和专注。

日常的、非正式的正念练习还能让你注意身边的小细节。你可以在给狗打扮时练习正念，去感受它的衣服及梳子在毛上滑动的感觉；或者在梳头时，感受梳子划过头皮的感觉。

家务事，比如洗碗，也给你提供了练习日常正念的机会。观察洗碗剂在碗里起泡，然后被海绵擦拭后的效果，或者深吸一口洗碗剂的气味。这样可以转移你的注意力，并且在做家务时也能够观察自己的想法、感觉及身体感受。

我经常在公园散步或在出差时停下来，去留意周围的声音和事物。这个时候，我能选择我自己想留意的东西并且将注意力转换为不同的感官体验。我可能会在思考去哪里或者打算做什么。倾听周遭的声音：鸟叫、对话声、交通声，甚至是风声。它们让我出一会儿神，然后又重新回到现实世界。听音乐时也能培养正念。当你开始游离时，悄悄地让自己回到音乐上。

等待是训练正念式呼吸的最佳时机。你可以在排队、坐车或者等朋友吃饭时进行。跟朋友聊天时，试着去注意他的用词、声调及表情。你会发现当朋友在分享某个话题时，你的注意力渐渐地转移到了自己的想法、感觉和身体感受上。这些都是在日常生活中运用正念原理的方式。

　　写这章时正值六月初。蔚蓝的天空上点缀着白云，气温让人很舒服。我感觉到了自己想要出去享受这样美好的一天的渴望。也许是因为在芝加哥长年累月地忍受了刺骨寒冬的原因。

　　我可以假装这种渴望不存在。我可以说服自己这样的天气在接下来几周里还有很多。我可以告诉自己这只是跟往常一样的一个冬天，那些穿夏装的人都只是蠢货而已。

　　这些方法并不能完全让我接受自己的渴望只是一种自然而然、转瞬即逝的感受，完全不需要去理会。我无须避免或者屏蔽自己的渴望，也不需要通过去想以后明媚的日子来代替现在的渴望。我只需要温和地重新把注意力集中在写作上就够了。正因为如此，我可以坦然地面对并接受一切可能出现的想法，也包括那些在写作过程中出现的开心或不开心的感受。

正念和健康愤怒

　　正念可以帮助你在容易诱发愤怒的场合，仅仅做观察，而不是行动。同样地，在面临容易引起愤怒的场合时观察自己的感觉，可以帮助你一步步地减少愤怒。留意诱发愤怒的情绪能够增强你的自我意识，帮助你更好地与他人和自己交流。更了不起的是，你能够意识到并满足自己内心深处最在乎的需求和渴望。

不幸的是，很多人只有在冥想的时候才会练习正念。我看到一个很典型的例子，发生在银行排队的时候。那是一个周五的下午，八个窗口只有两个在办业务，其他六个都是关闭的。

一位女士走进银行，站在我后面，突然间大吼："为什么不多开几个窗口？你们银行就是这样上班的吗！还不多找几个业务员出来！我还有别的事要做！"所有人的目光都不约而同地投在了她身上。

大概一分钟后，又一位女士走进来。这个咆哮的女士立马跟她打招呼："你好呀，朱蒂，最近怎样？你好久没来上冥想课啦。"无论如何，我身后的这位女士都没有成功地用正念冥想的技巧来处理自己的愤怒。如果她用上了，就不会像现在这样用侵略性的语言来表达自己的担心。

有些人只是将正念冥想作为一种放松方式，觉得跟自己的生活没有太大关系。事实上，有些人的目的是摆脱某些想法和感受。正念不能代替我们去了解自己内心的真实想法及感受，相反地，它是在帮助我们更宽容地去了解自己。

正念训练需要自我同情。下一章我们会帮助你了解这种同情，明白自我同情与正念的关系及它对培养健康愤怒的帮助。

进一步思考

1. 在网上观看丹尼尔·西蒙《消失的大猩猩》视频。[①] 这是关于应对多重任务的一个有意思的案例。它能告诉你我们的注意力有多有限，这种局限性也会影响我们的正念训练。

2. 在做正念训练时，你可能会对它产生怀疑（比如在第二章所提到的那些挑战）。你可能会觉得它有一些宗教性，但它没有。在你还没开始训练或完全掌握正念时，你可能认为这是给那些有时间在沙滩上冥想或是在工作日有时间去训练的人提供的训练方法。最重要的是，当你产生猴子思维时，留意自己的不适感。提醒自己，你训练得越多，越容易观察到 那些影响你的情绪。

3. 阅读这一章节时你有什么想法和感受？你有没有遇到第二章所提到的那些挑战？比如学习新技能时产生的不适感，比如希望改变自己可以很容易，比如在自我反省的时候出现了问题。

---

① D.西蒙.消失的大猩猩视频，www.youtube.com/watch?v=0 –HR9WfdYSY.

第四章　自我同情的重要性

在很大程度上，培养健康愤怒的能力需要依靠唤醒和接受自我同情。为了抚平愤怒带来的创伤，为了正确地宣泄愤怒，你需要培养自我同情。

最近的神经系统科学研究表明，训练自我同情能够让你快速并且显著地提高安全感和安宁感。[①] 身心平静时可以让你摆脱那些诱发愤怒的想法、感受及身体感觉。这些训练能帮助你留意那些可能会演变为愤怒的内心感受。

---

① 吉尔伯特. 同情聚焦疗法

正念和自我同情

同情疗法的创始人保罗·吉尔伯特（Paul Gilbert），是这样定义同情的："同情是一系列以养育、照顾、保护、拯救、教育、引导、安慰为目的的想法和行为，它旨在提供接纳感和归属感，目的是为了让被照顾的人得到帮助。"①

自我同情的意思就是你要对自己有同情心。它是佛教常用的一个术语，最近才开始在西方展开正式的研究。正如心理学家克里斯托弗·吉莫（Christopher Germer）所说："自我同情是接纳的一种方式。接纳的往往是发生的事，比如一种感觉或一个想法；那么自我同情就是接纳那个发生事情的人，尤其是在你处在痛苦中时。"②

同情是与他人产生共鸣，而自我同情就是对遭遇的体验。③ 自我同情需要你将观察自己遭遇时的感受隔离出来。那个善于观察的你先退居幕后，让感觉与那个觉得痛苦的你产生共鸣。自我同情能帮助你从伤痛中恢复。

---

① P. 吉尔伯特. 治疗关系中的想法与同情的进化. 认知行为疗法的治疗关系. 编辑：P. 吉尔伯特，R. 莱希. 伦敦：劳特利奇出版社 .2007, 106~142
② 克里斯托弗·吉莫. 通往自我同情的小路. 纽约：吉尔福德出版社 .2009.33
③ 克里斯托弗·吉莫. 通往自我同情的小路. 纽约：吉尔福德出版社 .2009.33

自我同情的组成要素

第一次听到自我同情这个词时，很多人立马觉得就是爱自己。但自我同情不仅仅是如此：它是一种能够培养更完整、更易察觉的自我尊重及自我爱惜感。心理学家，《自我同情》的作者克里斯汀·聂夫（Kristin Neff），[①] 强调了自我同情的要素：

· 善待自己
· 发觉并尊重自己的人性弱点
· 正念 [②]

善待自己

善待自己是自我同情的一个基本要素。在训练自我同情时，你以一个类似家长的、客观的、培育的角度看待自己。"黄金法则"，你希望别人怎么对待你，你就怎么对待别人；自我同情需要的是，你希望别人怎么对待你，你就怎么对待自己。留意自己是如何对待自己的，选择那些富有同情的相处方式。

---

① K.聂夫.自我同情.纽约：柯林斯出版社，.2011
② K.聂夫.自我同情：一种可选择的对自己更健康的态度.自我与身份.2（2003）：85~102

　　善待自己包括对自己的一切都友善。当即将愤怒时，自我同情需要你友善、温和，并且富有同情心地对待自己。它可以让你了解自己的感觉、想法及身体感受，缓解愤怒。自我同情还能让你辨别出自己真正的需求和渴望，以及那些对你有意义的事。能够自我同情的人，对那些引发不适感甚至痛苦的经历也能表现得友善。

　　在第九章你会知道，身体是一切情绪的根源。通过身体来辨别自己的感受和情绪，是善待自己的关键，身体比精神更快感知到安危。

　　善待自己并不意味着满足自己的一切需求。自我同情需要你留意在长远角度上对自己最有利的事。它与自我放纵有着鲜明的对比。自我同情并不意味着告诉自己："我要对自己好一点。我要再吃一块蛋糕，虽然我应该克制饮食"或者"我要善待自己，我要买车，虽然资金不够"。相反地，自我同情地善待自己在于专注于那些健康的或对你最有益的事。它能督促你寻找能帮你达成长期目标的方法。

　　自我同情并不是自怨自艾，也不是自我放纵。它能帮助你建立健康的目标，它需要积极的自我，相信自己不应该遭受过多的痛苦。真正的自我同情不会让你变得自我膨胀或被动地接受痛苦。相反地，它能激励我们通过感受痛苦，达到化解痛苦的效果，而不是忽视它。

　　善待自己包括留意自己的需求和渴望。自我同情中的友善感与愤怒大有联系。它能让你意识到自己正遭受某种必须处理的潜在痛苦，而愤怒正是这种痛苦的信号。善待自己意味着知道自己的需求和渴望，并且能够分辨出这两者，这是缓解痛苦的第一步，也是找到满足需求与渴望的方法的基础。

发觉并尊重自己的本性

训练自我同情可以帮助你尊重自己的弱点。它旨在让你明白，就人类而言，没有谁是完美无瑕的。自我同情可以让你不断地提升自己却最终意识到能力是有限的，只能尽力做到最好，无法十全十美。

现在我们花一点时间来想象自己是谷歌地图上的一个点，透过卫星来观察自己。你看着这张图，看到自己所在的洲、自己的国家，你找到了自己的邻居，最终找到了自己。数百万人分享着我们的地球，你需要宏观地看待问题。无论觉得多孤独，无论有怎样的心境，你都是人类的一部分。你的不幸其他人也一样在遭遇。你会犯错，你也许无法达到自己或他人的标准，你会觉得羞耻，同样，你也会有消极的愤怒，这都表示你是一个普通人。别忘了，别人也会有同样的感觉，因为他们也是普通人。

但经常，人们不把自己当作普通人，然后就变得孤立无援、消极脆弱，最终引发了愤怒。有些人试图通过追求完美来得到他人的肯定，最后却徒劳无功。他们没有意识到成就、金钱或权力并不是人的本性。人类的本性是学会与自己相处。

自我同情最有价值的一点，是让我们在着手减轻痛苦的同时意识到痛苦本来就是我们生活的一部分。能做到如此这般，需要我们认识到自己的本性、优点和缺点。

人类最大的特点就是有感觉。当与其他动物相比时，我们会好奇：

"它们有感觉吗？如果有，那它们的感觉是怎样的呢？"最终我们明白，丰富的情绪让我们成为人，成为地球上独一无二的生物。我们自豪地把这一点视为优于其他生物的原因。但讽刺的是，我们又经常想要逃避这些让自己自豪的情绪。

自我同情包括完全地接受这些作为人拥有的感觉。它是那些以感觉为耻的人的一剂良药。任何试图忽视感觉的行为都剥夺了我们做人的权利，以及进一步认识自己的能力。所以，我们应该庆幸自己还拥有感觉。虽然我们有时会碰到一些让人烦心的情绪。

人人都会遭受痛苦。不管我们怎么想怎么做，总是会遭遇失败，体会失望或碰到其他一些无法避免的不幸。就算现在医疗技术再先进，就算再努力地自我同情，不管你信不信，我们总是会生病。最终，都要面临死亡。

最近几年，避免孩子受挫或受苦成了一种育儿潮流。我的一个客人告诉我，这会给孩子造成一种不切实际的期望，那就是：人不应该受苦。

四十三岁的瓦内莎来我办公室时满脸愁容：她走路缓慢，眼角下垂并含着泪水，说话声音很轻。但在短短几分钟之内她迅速变得怒发冲冠。她大声地、愤怒地告诉我她得了癌症。她咆哮着说，自己家族没有这类病史，自己注意饮食，经常锻炼，一切都很健康。"我怎么可能会得这种可怕的病呢？"她问我。

很明显，她极度沮丧，愤怒也是可以理解的。瓦内莎对自己的未来感到担心和害怕。她觉得自己有癌症这件事是非常不公平的，她认为自己是特别的，得癌症的应该是别人，这不应该是她的命运。的确，这不应该是她的命运。但认为自己特别而应免于受苦这一点上，她忽略了人性的弱点。当我们忘记或者否认做人包括受苦这件事时，我们就容易受伤。

正念

自我同情需要我们接纳并留意自己的想法和感受而不是抑制和否定它们。正念需要我们客观地对待自己的想法和感受，不迫使自己做改变。

客观，作为正念的一个重要内容，包括认识到我们一直在努力地生活。回顾过去很容易：追溯十分钟前或十年前，想象当时如果我们做了不同的决定会怎样。事后诸葛有时候是件好事，它能够提醒我们下次遇到类似情况时该怎么做。但如果我们不断地因过去的事自责，告诉自己："当时这么做就好了""当时应该这样做的""当时还能这样做"，那就与自我同情背道而驰了。

主观性本应保护我们。它相当于对可感知威胁的报警系统。但是，这种主观性却常常让我们背叛了真我。它会让我们不再专注于对自己有意义的事，觉得与自己及他人都渐行渐远。更糟的是，主观臆断自己的情绪只会让我们愤怒得更快，这就是为什么客观对于自我同情及健康愤怒都至关重要。

发觉并唤醒我们的智慧

智慧是自我同情的另一主要组成部分。积极心理学强调人的长处，这种心理学定义智慧为"知识和经验"，它认为智慧能提高人的幸福感。[①] 积极心理学的研究者马丁·赛里格曼（Martin Seligman）和克里斯托弗·彼德森（Christopher Peterson）表示，明智的人会自觉地做反省。藏传佛教导师康卓仁波切（Khandro Rinpoche）说："人的心都是慈悲的，但是只有明智才激发这份慈悲。智慧让我们知道自己需要什么。"[②]

拥有智慧表示清楚自己知道什么，不知道什么。智慧让你明白什么能让你长期受益，也能让你摆脱那些短时间内让你冲动的行为、想法和感觉。

用神经影像技术研究智慧时，人们发现新脑和旧脑[③]会发生相互作用。实际上，智慧可以激发理性与感性，但当两者起冲突时，理智往往战胜情感。

智慧可以引导我们用一种健康的态度来表达愤怒。它建立在过去经历的基础上，通过智慧你能取其精华，选出最有利于自己的部分。

---

① C.彼得森，M.塞里格曼.优点与强项.纽约：哈佛大学出版社.2004, 106

② J.康卓仁波切.狮子的吼声：我们时代的佛教智慧.www.lionsroar.com/?s=compassion+and+wisdom

③ D. V.杰斯特，J. C.哈里斯，智慧：从神经系统科学的角度来看.美国医学会杂志.14（2010）：1602~1603

这种智慧会变得越来越强大。研究并练习这本书所建议的方法，是帮助你增强智慧的方式之一。在下一章节中我们会介绍另一种增强智慧的方法——视像化。

自我同情与治愈

心理学家克里斯汀·聂夫指出："获得自我同情，首先我们要知道自己在遭受痛苦。没有人能治愈那些自己没感觉到的东西。"[1]

训练正念、自我同情及自我认识都能让我们意识到痛苦。它们一起帮助你观察自己的感受及想法，让你不会反应过度。正如聂夫及其他研究自我同情的学者所描述的，当情绪操控了我们时，就会产生过度识别，最终导致我们对所面临的事产生感知混乱。[2]

我课上的一位分享者泰勒，就给我们提供了这样的例子：

我的主管刚对我做了年终评估。他对我说我的综合评分为一般，如果我能经常按时完成任务评分会更高一些。他还认为我应该更自信一些。我根本无法相信他的话！我没料到是这样的结果，这让我感到愤怒。我告诉他，这一整年我都在努力工作而且经常加班。我不该受到这样的对待。我为自己辩护了将近十五分钟，却没有任何效果。他

---

① 聂夫 . 自我同情 .80
② 聂夫 . 自我同情 .83

还是不愿意改变对我的评估。最终我开始抓狂并咒骂了他，我告诉他我要去找人事主管。

泰勒被一大堆感觉所束缚，他当然会觉得失望和崩溃。最重要的是，他觉得自己受到了不公平待遇。愤怒击垮了他，他无法完全用自我同情的心态来对待这些感受，而是迅速地猛烈抨击。第二天他的主管给了他两天假期让他去参加愤怒管理课程，这一举动再次强化了他的感受。

我们可能会对沮丧、愤怒、羞愧、内疚等其他负面情绪过度识别。因此在做事时，思维会变得狭窄，就难以识别出哪些想法能够帮助我们满足自己的需求和渴望。最终，我们把注意力全都集中在了愤怒上。

避免痛苦需要付出努力。这么做会让我们不那么完全地顺从自己。通常，我们会跟着感觉走，而不是停下来去记录、去关注我们的苦楚。每个人都知道生活总要受苦，但又认为我们不应该去承受。大家都知道没有绝对的公平，却还是期待处处皆公平。这些观念阻碍了我们去接受自己的感觉。它们甚至将痛苦放大，延长了痛苦的时间，从而进一步增加了我们的不幸。

德文，一个年轻的父亲，在越来越容易对自己五岁的儿子伊根发火之后来寻求帮助。德文的愤怒在第二个孩子出生后变得越来越严重。他回忆起自己与妻子和大儿子间的互动：

我儿子就是不愿意听我的话，我妻子总是纵容他。我们总是在如何惩罚孩子的问题上有不同的意见。她比我仁慈很多。我反复地跟他说，让他把玩具捡起来，他就是不听。但我妻子并没有因此而苦恼。最近，她叫了他几次，他就听了。

通过练习这本书上介绍的方法，德文意识到导致自己愤怒的有很多原因。当孩子拒绝听他的话时，他觉得自己很无能。他还觉得妻子没有以他想要的方式尊重他。自从有了孩子，德文和妻子的关系越来越紧张。他觉得自己被忽视了。虽然他很爱自己的孩子，但还是会怨恨他们夺走了妻子的爱。

另外，德文对他儿子的愤怒有些来源于他自己的父亲。德文从小就害怕自己的父亲："他让我做什么我就做什么，我很听他的话。我很害怕拒绝他的后果。但伊根看起来完全不怕我。"

德文淡化并且否认了对父亲的愤怒，以及父亲给他造成的痛苦。他开始认为这种教育才是有效的。因此，德文并没有意识到孩子需要被照顾、被宽容。

我们探索了自我同情的要素，它与正念的关系，以及它对培养健康愤怒的贡献。接下来的章节我们会将正念、自我同情及自我意识结合在一起进行训练。

进一步思考

1. 不习惯同情或自我同情会阻碍你练习健康愤怒。知道自己对同情及自我同情的真实感受和想法是很有必要的。我建议大家尝试下面这个练习。

练习：同情

请看着"同情"这个词。注意这个过程中你的想法、感受或脑海中的画面。你会回忆起自己被同情或是同情他人，或是注意到同情的时候，也有可能你的脑子一片空白。当你在想同情时，注意产生的身体感觉，尤其要注意那些消极的想法。你有没有不适感？有没有想要避免这种感觉？生理或心理有没有变得不安甚至是厌恶？

这种不适感可能来自于孩童逻辑。它暗示你因为脆弱和无用你才会需要或想要被同情。最重要的是，孩童逻辑会让你变得越来越厌恶自己，最终觉得自己不配被爱，而这种不适，正好来源于孩童逻辑。如果你害怕当你需要同情却没得到时对自己的二次伤害，你也许还会对同情产生抗拒。想要摆脱以上所有的感受，同情就是最好的办法。

关于痛苦，你接收过哪些直接或间接的信息（见第一章）？
关于同情，你接收过哪些直接或间接的信息（见第一章）？

找出自己曾自我同情的经历。回忆当时想了些什么，自我同情后的感觉又是什么。

2. 愤怒，有时候被理解为对自我同情的尝试。不幸的是，当愤怒过头，这种尝试就进入了误区。试着找出证明这种说法的例子。

Part Two 第二部分

运用正念与自我同情

克服消极愤怒

第五章　自我同情的培养

培养自我同情，需要做到对自己和自己的关系非常敏感，这包括容易察觉那些能反映出自我同情的态度和表现。这些练习能帮助你选择自我同情作为培养健康愤怒的方法。

你是如何做自己的"家长"的?

要变得对自己有同情心，首先要留意对自己的态度。

1.如果你做错事或者没有达到自己的期望值，你会怎么看待自己?

2. 当遇到挫折，并体验到连带产生的感觉时，你会对自己说什么？你又如何跟自己解释平时的感觉？

3. 你怎么看待物理上的疼痛？你是怎么照顾自己的身体的？

4. 对自己来说，你算是个好的朋友吗？

5. 为达到目标，你能逼迫自己到什么程度？激励自己时，你都用什么内容和口吻？

所以，你是怎样做自己的"家长"的？这个问题乍一看可能很奇怪。但你很早就开始养育自己了。虽然在童年有别人在养育你，但很多时候，你也会养育你自己。从很小的时候开始，你就会像大人一样跟自己说话，这是一种心灵发出的声音，一种权威的声音。这个声音告诉你对他人应该抱怎样的期望，对这个世界又应该抱怎样的期望，最重要的是，对自己有什么期望。

小时候，你很听它的话，有时候都没有察觉到这个声音的存在。在很多方面，它引导你去做决定，教你该怎么做。它能够：

· 定义曾经的自己、现在的自己，及未来希望成为的自己

· 帮助你建立在达到或没有达到自己的标准时，对自己的态度

· 影响你跟自己的关系

所以，这个声音究竟有些什么特征？是同情还是严厉的爱？如果是同情的，那么你跟自己的关系应该包含第四章提到的那些要素。如果是严厉的爱，你可能会让自己对不幸变得麻木。你会像那些亲生父母非常严厉的孩子一样，在亲密关系中总是表现出不信任。你可能会

为自己制定不切实际的目标，喜欢将自己和他人进行比较，却很少有成就感。

严厉的爱容易让人觉得自己不够优秀。因此，在与他人相处时，你会暗暗把自己跟对方进行比较。而且经常为了避免觉得低人一等，你会变得很有控制欲。你内心那个严厉的爱甚至会让你觉得自己很可悲，最终变得自怨自艾。

同情自己的愤怒感

培养自我同情能够帮助你与自己的感受和谐相处，就好像父母坐在一个沮丧的孩子身边让他安心一样。这就需要你同情愤怒时产生的一切内心感受：需求和渴望、期望、假设、负面情绪以及意象。全面的自我同情表示尽力认可、接纳并同情自己及感受中产生的一切。

确认

有同情心的父母会确认孩子的感受，他们耐心地倾听，而不会试图改正、否定或无视这些感受。作为成人，同情心能让我们接受自己的感情，而不是去评判或摆脱它们。

共鸣、关心与同情

与别人产生共鸣的意思是感受到他人的感受。与自己产生共鸣需要你发现并辨别出自己的感情。

关心别人则是在乎别人的感情，并希望他们能获得快乐的生活。关心自己表示将这种态度转换在自己身上。

共鸣和关心帮助你证明、感受并照看自己的痛苦。意识到自己的感受并与之发生共鸣能够产生一种纠正式体验。这是一种你可能在过去从未体验过的确认，它能让你与自己的痛苦和谐相处，逐渐从痛苦中脱离。[1]

展示自我同情的智慧

智慧属于自我同情中自我安抚的那部分，它能够：

· 指导你的思绪去支持和引导你

· 让你的孩童逻辑认清现实

· 明白犯错是人性的一部分，它能帮助你学习和成长

---

[1] D.西格尔.集中注意力的大脑：培养幸福的反思与协调.纽约：诺顿出版社，2007

· 在做出结论或调整自己的期望时，让你考虑到更多的可能性
· 它不仅仅源自你过去的经历和观察，也源于你的自我意识

为了鼓励自我同情的智慧，你可能会需要选择一种带有同情的权威声音来引导和评判自己。同情聚焦理论为此提供了多项训练。

同情聚焦理论和你的自我同情

通过对同情聚焦理论训练的研究发现，同情的感受和想法会对人产生生理影响，通过释放荷尔蒙、抑制愤怒的产生，让身体产生一种安全、平静和被照顾的感觉。[1] 这种荷尔蒙还能减少压力和烦躁。[2] 情侣间的肢体接触，会增加荷尔蒙的释放，让人产生亲密感。[3] 荷尔蒙还能增加人的信任度。[4]

研究者们通过神经影像来辨别当我们对自己或他人产生同情时大脑的活跃区。研究通过向实验者展示两种不同的场景，让他们想象自

---

[1]　吉尔伯特. 同情聚焦疗法

[2]　C. 卡特. 从神经内分泌角度看社会依恋与爱. 精神神经内分泌学 .23（1998）：779~818

[3]　K. 格兰文，S. 葛德乐，J. 埃美柯，K. C. 莱特. 伴侣支持对促进催产素，皮质醇，降甲状腺素的帮助及温馨谈话前后血压的影响. 身心医学 .67，（4）（2005）：531~538

[4]　M. 科斯菲尔德，M. 海因里希斯，P. J. 扎克等. 催产素对信任度的促进作用. 自然杂志 .435（2005）：673~676

我批判和自我宽慰。① 最终发现产生自我宽慰的大脑区域与引发同情的大脑区域相互重合。

最新研究表明，同情会刺激迷走神经，从而产生镇静。②③ 这条神经从脊椎延伸到胸腔、腹部及骨盆。它能帮助调整呼吸、心跳和消化。对自己产生安全感和平静感能减少对威胁的敏感度及负面情绪，比如愤怒。

将自我同情视像化

视像化，即将真实或虚幻的感受视觉化，能提升身心的幸福感。看见及感知脑海中画面的细节是放松训练和压力管理的主要方法。④

每个人将事物视像化的程度都不一样。我们的能力取决于训练（想要训练这方面的能力，请参考本章末进一步思考的第二条）。有些人每天都在无意识地将感受视像化。我们常常勾勒自己的未来生活，有些时候，也会看见过去的时光。你也许会想象出一个完全不是自己的自己。

我们可以利用自己的视像化技能来提升自我同情。视像化过去及现在的同情是你与自己接触的主导力量。回忆过去对同情的感受可以帮

---

① O.朗格，F.马里托，P.吉尔伯特等.自我对话：自我批评与自我宽慰的神经关联性 神经影像.49（2010）：1849~1856

② D.凯尔特纳.迷走神经的奥秘.www.greatergood.berkeley.edu/gg_live/science_meaningful_life_videos/speakers/dacher_keltner/secrets_of_the_vagus_nerve

③ S. W.伯格斯.纵横交错的迷走神经理论.纽约：诺顿出版社.2011.16

④ J.史密斯.放松，正念，冥想.纽约：斯普林格出版社.2005

助你有意识地对别人或自己产生同情。但要知道，视像化并不意味着在脑海里看见一幅很清晰的画面，这个画面经常是模糊的或转瞬即逝的。

培养自我同情的练习

以下的练习能够帮助你获得和加强自我同情。在第一次练习时你可能会觉得难受，可以在中途用放松训练来稍事歇息或想象一个你觉得安全和平静的地方（参考第六章关于这方面的训练指引），当你身心放松后再重新投入训练。

在开始以下任何一个训练之前请先进行正念式呼吸。它能让你更快地观察和感受到自己的感觉。

练习：感受及提升自我同情

第一个训练是同情聚焦疗法的创始者保罗·吉尔伯特（Paul Gilbert）发明的 [1]：

找一个让你坐着舒服，不受打扰的地方，也可以闭上眼睛。

回忆及视像化一次对别人或自己产生同情的经历。如果你想不起来，那就想象你正在同情自己或他人。

让这个经历在你脑中变得真实，注意产生同情时的感觉，尽情品

---

[1]　吉尔伯特.同情聚焦疗法.160

味它的每个部分。留意自己的面部表情、说话声音、姿势，及同情时产生的平静感。想象并感觉你放松的面孔。当你的想象中产生了同情时，全方位地感受当时的感觉，观察自己的呼吸和空气在胸腔里的感觉。

这个时候，你正在和自己有同情心的那一面打交道：温暖、关怀、善良、智慧并客观。花一点时间与这种感觉共处，最后轻轻睁开眼睛。

练习：接收同情并转化为自我同情

这个练习我也用于我的客人们，它是根据保罗·吉尔伯特的理论创建的。

首先，在脑海中搜罗出你所经历或见过的有关同情的例子。可以是真实的事件，也可以来自电影、书本或新闻。你也可以动用宗教或精神领袖。可能你会想《星球大战》中的绝地武士尤达或我们最敬爱最仁慈的上帝。

你说不定还会想起动画或连环画中有同情心的动物或人物。

试着找一个最有同情心的人或角色。比如，我七年级时的社会老师。他在放学后与我们谈论作业、政治以及所有我们关心的话题。我对他印象最深的就是他的亲切、率真及客观的态度。我还想起了一个电影角色，我认为是最有同情心的人物。格里高利·派克（Gregory Peck）在《杀死一只知更鸟》中饰演的阿提库斯·芬奇（Atticus Finch）对他的孩子、周围的人，特别是那个在法庭上被指控为强奸罪的黑人流露出持续不断的同情。

注意他们温柔的眼神和慈祥的表情。花点时间品味这个经历，如果你觉得闭眼让你更舒适，请闭上眼睛。

想象自己和那群你刚刚想到的人或角色坐在一起，围成一个圈。观察他们的言谈举止。找出你认为他们每个人被你邀请进入这个圈的原因，他们每个人独特的同情。原因也许是善良、明智、自信、客观或者你感到与他们有联系。

现在，用上面的练习来想象你对自己的同情。用几分钟来品味这种感受，同样地，观察自己的姿势、面部表情及产生同情时的身体感觉，尤其要记录自己的呼吸和空气在胸腔里的感觉。

将注意力重新集中在那群人身上，想象他们对你表示同情。想象每个人用怎样的方式对你表示同情。他们可能仅仅通过面部表情或姿势或言语来表达自己的同情。记录他们的声音。也许你会幻想他们走向你，给你一个大大的拥抱或者跟你握手。

想象他们的同情对你是一种积极的力量，能够激发你对自己的同情。想象一下你每一次呼吸吸入的都是同情的力量。感受这种力量渗透你的本质，包围你的内心，充满你的脑海，在你的身体里蔓延。让他们的同情成为你的一部分，或心目中的自己的一部分。静静坐下品味这种感觉。

静静地坐一会儿，感受这种平静和温暖在身体里流淌。这就是同情的感觉。你激起了自己善良、关爱、智慧的一面，并与自己和他人建立了亲密的联系。再用几分钟好好品味这种感觉，然后慢慢睁开眼睛。

我的客人表示这是一个非常强大的练习，通过训练，他们留意到了关于同情的特殊例子并且释放了自己内心的同情感。对自己，他们逐渐变得安心、有安全感。他们开始不再容易变得愤怒或在感到怒气时马上表达出来。平静与安全感代替了威胁感，让智慧，而非情绪来引导想法和行为。

虽然这个练习非常正面，但有些人觉得它让人心神不宁。它可能会引起强烈的失落感及受挫感。你会想要在开始训练前做一些放松的活动。请注意：如果你在训练过程中感受到了强烈的不适，请在训练过程中寻找一个理疗师帮助你。

练习：在角色扮演中扮演有同情心的家长

我们很多人都有表演的经验。小时候做过模仿表演或者在学校节目中演出。我们用自己的知识、经验、同理心及智慧去假装自己是别人，用他们的角度去思考、去表现。想象你在扮演一个有同情心的家长，你被要求在扮演中当孩子跟你分享他的痛苦时，你要对他表现出同情。

想一想那些你可以参考的人，激发自己的同情心来扮演这个角色。你可能会选择之前案例中你想象的那些人。谨慎地选择自己的语言、态度和行为。无论你是否为人父母，都可以去回忆曾有的经历并记起有同情心家长的特质。然后慢慢睁开眼睛。

在这次角色扮演中你觉得舒畅吗？你有没有对自己感到惊讶？你用了些什么特质来表示同情心？这个训练有没有让你激发自我同情？你有没有想处理孩子的担忧？当孩子遇到困难时你陪在他身边了吗？

练习：从老年时期自己的角度看现在的自己

这个训练经常会让人会心一笑，有时候，会有轻微的不适感。

它经常让人的观点发生180度大转变，往往用一种全新的、更专注的方式看待事物。

想象你已经九十岁了，有了九十年的人生经历和智慧。想象你年迈的样子，那个你还能成为的人，那个宽容的、智慧的、慈祥的人。

通过不断练习，你可以掌握所有自我同情必备的要素，并将它们融合在一起。

你做的想象越多，就越能了解那个产生愤怒及其他消极感觉的自己。

这一章为你提供了唤醒和增强自我同情的方法。第十一章会教你如何在感受愤怒时产生自我同情。

进一步思考

1. 我推荐大家去完成自我同情清单来测试自己自我同情的程度。这份清单是心理学家克里斯汀·聂夫发明的，你可以在她的网站 http：//self-compassion.org/ 上找到。在你训练自我同情时可以定期对自己进行测试。

2. 哈佛大学的心理学家雪莉·卡尔森（Shelley Carson）在她的教育性著作《有创造力的大脑》中提到：锻炼视像化的能力主要靠练习。[1] 尝试以下这个训练，部分来自于她的书：想象一下你有一套 3500 英尺可以眺望纽约中央公园的公寓。没有任何家具，也没有内墙。在接下来的八周里，每天想十五分钟你会如何布置这套公寓。想象哪里是墙，哪里该放家具。这个有趣又具有挑战性的训练能很快提高你的视像化能力。

3. 对自我同情感到不安会成为你强化生成自我同情的阻碍。所以，用一点时间去回忆在做这章的训练时是否会产生不适感。你能感受到任何不舒服的想法或感觉吗？

做几次正念式呼吸，刻意地去回想那些消极的情绪，再重新回到呼吸上。如果可以的话，想象几种有自我同情感的想法。接下来的章节会为你提供更多处理这种不适感的技巧。

---

[1] S.卡尔森.有创造力的大脑.纽约：巴斯出版社.2012

第六章　对身体的留意与自我同情

身体是情绪和感觉的来源。心理学家爱丽丝·米勒（Alice Miller）说过：就算我们无视身体传达的信息，它们还是会不断地发声，渴望被听到。[①]

身体指引你去体验或远离某些感觉，这些感觉可能是你的，也可能是你周围人的。与自己的身体和谐相处能让你意识到自己的想法、需求和渴望。这种和谐能帮你获得第一章中提到的动力：寻找和保持安全感，变得温暖，善于交流，为实现人生目标而奋斗。

---

① 　A. 米勒. 身体不会说谎：严厉教育的慢性影响. 纽约：诺顿出版社 .2005，207

当你不重视自己的身体感觉时，你就日益跟真正的自己渐行渐远。因为你忽略了自己真实的感受，就无法识别自己最有意义的需求和渴望。这就让你更容易愤怒。

身体意识是获得情绪意识的方式之一

身体意识就是关心和照顾自己的生理幸福感，比如自己是健康的还是生病了。倾听自己身体的述说是感受的基础并且能够让你去观察而不是对感受立即做出反应。这种倾听是训练健康愤怒的必要条件。

每个人对身体的感知能力是不同的。这可能会阻碍我们对生气时生理反应的认知。对身体的留意表示你需要知道自己某些特殊的感觉真正来源于何处。你需要真正去倾听生气时身体传达出来的信息。有些人会感到手臂、脸和胸口有局部的紧张感，而有些人察觉到自己会心跳加快并呼吸急促。

当你生气时，你可能会呼吸急促、脸和手臂发热，或通红。很多人会刻意无视这些表现，除非被告知这些表现都是正常的。

很多人对自己的身体，就像对情绪一样漠不关心。身体及情绪的感受都来自于自我反省与自我意识。就好像我们学会无视自己的感情一样，也许通过家长、兄弟姐妹，或者其他童年时伴随我们一起长大的电视英雄，我们学会无视身体上的不适，我们可能通过坚毅的性格来忍受病痛的折磨。

很多人直到身体病痛的特征变得严重才开始去留意。有人些对身体的态度非常消极。这种态度让你成为一个旁观者，束手无策地看着自己的病症发展。

　　长大后，我经常看到我父亲在忍受手和肩膀的关节疼痛。我哥哥和我常常让他做一些锻炼，比如挤橡皮球来缓解疼痛。但他却无法获得自我同情，以失望冷漠的态度对待自己的疼痛。他的面部表情告诉我，他把自己的手和肩膀看作自己无法操控的身体部分，就好像是别人的一样。很不幸，很多人都是这样看待自己身体的。

　　对形成健康愤怒来说，关注自己的身体意味着在紧张感或疼痛出现早期就应该发觉它们。这就需要自我意识，来帮助你从愤怒中脱离出来。

　　本章的练习能提高你的身体意识。有些训练在平时就能进行，而有些则适用于愤怒产生时。在有人指导你前，你可以先尝试自己进行训练。有很多光碟和网络资源能指导你做这些训练。

　　全身心地投入这些练习能让你觉得充满活力，在你自我同情的那一面上变得更积极。

练习：全身扫描

　　这项练习教你如何慢慢地带同情地将注意力转移到自己的身体上，同时关注自己的幸福感。练习中的有些部分来自于正念减压法的创始人乔·卡巴金（Jon Kabat-Zinn），他写了许多关于正念的书[①]；以及《不与自己对抗，你就会更强的》的作者心理学家克里斯托弗·吉莫

---

① 威廉姆斯等. 穿越抑郁的正念之道

（Christopher Germer）①。

穿上宽松舒适的衣服，找一个安静让人放松的地方，避免被人打扰。躺在床上或者地毯、垫子上。慢慢地闭上眼睛。

花几分钟做正念式呼吸。

集中注意力在身体感觉上。现在还不是放松的时候，只是要集中注意力在感觉上。记录吸气呼气时肺部肌肉的感觉。留意肚子的律动。

现在，转移注意力到与床或地面接触的身体部位，感受那种压力。在这种感受上停留一会儿。

观察你脑海中产生的任何感觉，停留几分钟，然后转移注意力到眼睛和鬓角周围的肌肉上。保持静止，去感觉这些肌肉是紧张的还是放松的。你随时都可以重新将注意力转移回呼吸上。

将注意转移到耳朵周围的部位，去感受上颌与下颌的肌肉。观察嘴里、喉咙里或舌头上产生的任意感觉。再一次将注意力回到呼吸上，感受空气在你身体里进出。

慢慢将注意力转移到脖子和肩膀上，它们是呈松弛状态还是紧绷的呢？然后是上臂的上下面，下臂上下面。接下来是双手，手心手背和手指，在表面或内部，有些什么感觉？

然后扫描自己的背部、胸部和腹部，在每个部位都停留一段时间。然后观察自己上半身，胸部及腹部产生的一切感觉。再一次注意呼吸时腹部的起伏。

我们继续往下。感受自己的下半身，正面和背面。记录身体表面

---

① 吉莫 . 通往自我同情的小路 .49

或内在的紧张感或放松感。

现在开始注意自己的大腿，然后是小腿，正面，背面。

接下来是脚和脚趾。这些部位是放松的还是紧绷的？脚趾相连的地方又有什么感觉？

当你扫描完全身之后，再快速地重来一次，记录那些明显呈紧张状态的部位。花一点时间体验这种紧张，记录紧张的部位、感觉和程度。

再做一小会儿正念式呼吸。

随时训练自我意识

除了刚刚介绍的这种正式的练习法，你其实随时都可以进行对身体意识的训练。

与全身扫描不同，你可以每天做几次"身体签到"（一种快速的身体扫描），这样能够快速增加你身体的意识。我会在中午十点、午饭、下午三点及睡前做"身体签到"。

无论你在做什么，都可以暂停几分钟，深吸一口气然后扫描自己的身体。注意任何的紧张感，尤其是在脖子和肩膀周围。花点时间思考身体透过这些紧张感希望传递怎样的信息。

放松和增加身体意识的训练

练习：将肌肉放松感视像化

能无意识地放松自己的身体是培养健康愤怒的基本要素。它能帮助提高自我反省，让你用理性思维去应对威胁。

然而，正念训练注重观察，而以下的练习不仅仅培养观察能力，还培养行动意识。在你非常放松的时候进行这个练习，它可以作为一种应对愤怒的演习。这项训练非常有效，因为通过视像化肌肉放松能够让肌肉真的放松。你慢慢地会变得更容易留意到肌肉放松或紧张的感觉。

做运动或演奏乐器需要你非常专注于自己的身体运动。你需要分析自己的运动并在必要时进行调整。类似地，这项训练也需要你对自己身体的移动非常敏感。经过不断的训练，你会逐步强化自己对感觉的记忆及身体意识。长此以往，你可以习惯性地让自己的身体放松。

穿上宽松舒适的衣服，找一个安静让人放松的地方坐着或躺下。轻轻闭上眼睛，用几分钟进行正念式呼吸。

感受自己前额的肌肉通过轻微的拉伸来缓解紧张感，想象这个画面，好像肌肉纤维在对你说："啊哈！"然后把注意力转移到眼睛和太阳穴周围的肌肉上，去感受和想象它们在拉伸和放松。

然后是上额肌肉的拉伸和放松。再将注意力转移到下颌，轻轻地拉伸下颚肌肉。感受它们放松和缓解压力的感觉。你甚至会想要下拉自己的下巴，或是轻微地左右移动它来得到更多的释放感。

现在来关注颈后的肌肉。想象和感觉它们轻微地拉伸，放松，舒缓压力。

接下来感受肩部肌肉的拉伸，放松，舒缓压力。

注意你上臂的肌肉，感受它们在拉伸，放松，舒缓压力。然后是下臂。

接着是手掌和指头的肌肉，拉伸，放松，舒缓压力。再是背部。

感觉胸腔肌肉的拉伸，然后是腹部，拉伸，放松，舒缓压力。接下来是下半身的肌肉轻微的拉伸感，放松感，舒缓压力感。

再到大腿，小腿，肌肉拉伸，放松，舒缓压力。

最后是脚和脚趾的肌肉，拉伸，放松，舒缓压力。

现在，扫描全身，注意身体哪些地方觉得特别紧张。集中注意力在这些部位，想象一块方糖在热茶里慢慢溶化消失，让你的全身都放松下来。

现在，注意自己的放松程度，将注意力集中在前额的肌肉上，感受它们的放松程度。然后是眼睛和太阳穴周围的肌肉，颈部及肩膀，上下手臂，手掌，手指。再往下，感受前后背肌肉的放松程度，然后是下半身，脚上的肌肉，脚心脚背，大腿小腿，最后是脚和脚趾肌肉的放松程度。

现在，你的整个身体都放松了。你可能觉得比训练前更热一些，甚至可能觉得自己更重了一点。这就是完全放松的感觉，记住这种感觉。

想一想在做练习时你是否有不舒服的感觉。有些人变得紧张，有些人不适应变得如此放松。如果你有这样的情况，那么你属于 A 型人格。你对追求成功过分地紧张。你很惜时并且认为这样坐着练习在浪费时间。所以不难理解，你变得异常紧张。

有些人在练习时觉得痛苦是因为过去的影响。或许是经历过身体或心理的虐待。这些人更容易觉得受到威胁。所以，他们拒绝放松，因为这相当于给别人伤害他们的机会。

我常常把这种现象称为草原犬鼠综合征。虽然这不是专业人士给予的诊断，但我认为犬鼠用后腿站立，疯狂地预警任何潜在的危险，很形象地表达了这种状态。

我的朋友约翰和我分享了一些可以称为草原犬鼠综合征的经历。约翰是一位推拿师，通过代替医学和推拿治疗治愈患者。他治疗神经肌肉问题，比如结缔组织失常。结缔组织失常影响脊柱和关节。约翰经常会在办公室放一些背景音乐。他说一些患者会让他关掉音乐。因为这些音乐让他们太过放松而产生不适感。有些患者在进入放松状态时会大哭。

那些通过身体治疗来处理情绪问题的理疗师更能体会到身体是如何影响人的想法和感觉的。这些影响常常让人难以察觉。难以做到自我同情也会导致做此练习时产生紧张感。你在培养自我同情上下越大的功夫，越能适应让身体变得放松。

练习：渐进肌肉放松法

渐进肌肉放松法是一种各界强烈推荐的身体放松法，由麻省综合医院（Massachusetts General Hospital）本森·亨利身心医疗（Benson-Henry Institute for Mind Body Medicine）研究院的创始人及心脏病专家赫伯特·本森（Herbert Benson）创立。[①] 它能够将紧张和放松的肌肉区分开来。以下练习就运用了这种方法。

这项训练能够让你区分放松和紧张的肌肉。它能帮助你留意肌肉由放松到紧张或由紧张到放松的感觉。正念，作为自我同情的一部分，能够帮助你发觉肌张力微妙的变化，尤其是愤怒时产生的生理紧绷。

找一个你坐着舒服，不被打扰的地方，大概用时 15 分钟。最好是坐在有扶手的椅子上。重复下列步骤三次。

绷紧你眼部周围的肌肉并且保持此状态（请勿戴隐形眼镜进行此训练）。注意紧张的感觉。然后渐渐放松肌肉。留意释放紧张变得完全放松时的感觉。

现在咬紧牙关，感受下巴肌肉的紧张感。用舌头顶住上颌，持续几秒，然后慢慢地放平舌头，放松牙齿，观察这个过程中肌肉的放松。

尽力地耸肩，越靠近耳朵越好。保持这个姿势几秒，集中注意力在肩膀的紧绷感上。然后缓缓地放低肩膀注意它们是如何变得松弛的。你可能会想将肩膀放得比耸肩前还要低。

把肘部放到低于椅子扶手的地方，绷紧上臂肌肉并留意产生的紧张感。在释放前保持此姿势几秒。

将前臂放在扶手上，观察此时产生的紧张感，放松并记录感觉。

现在握紧拳头，集中注意力在手和指头的紧绷感上。保持这个姿势几秒，慢慢张开手，注意此时肌肉的感觉。

用力地把肚子往里吸，好像要把肚脐贴到后背上一样。观察此时

---

① H. 本森. 放松反应. 纽约：埃文河出版社. 1976

的紧绷感。慢慢地放松，注意肌肉的感觉。

绷紧下半身的肌肉，观察它们的紧绷感，然后观察慢慢放松过程中的感觉。

坐直，双脚用力地踩着地面直到双膝紧闭大腿绷直。暂时保持这个姿势，然后慢慢放松双脚，注意肌肉的感觉。

伸展你的双腿，脚跟着地，绷紧小腿拼命地向上提脚趾让它们指向你。释放压力，跟随释放时产生的放松感。

最后，卷曲你的脚趾直到有紧绷感，然后放松，感受放松的感觉。

现在，从头到尾审视一遍自己，看看自己放松的程度。

练习：深呼吸

生气时呼吸会变得急促。这是因为感受到威胁时身体也会产生紧张感。这是提醒你注意自己身体的重要信号。当你意识到这种紧张时，就马上开始正念式呼吸，集中注意力地深呼吸。这是和自己身体交流的一种有效方法，并能快速地让自己冷静下来。

首先，慢慢地深吸一口气。尤其要注意吸气时横膈膜的律动，持续吸气几秒钟。想象肚脐贴在脊背上，用力呼气直到肺部所有的空气都被排出。慢慢做这个动作3~4次，然后开始几分钟的正念式呼吸。

深呼吸是倾听愤怒的诉说的最快方式之一。

练习：你的净土

这个练习能帮助你通过产生意象来变得平静和获得安全感。

一样，找一个坐着舒服又不会被打扰的地方，需时 15 分钟左右，轻轻闭上眼睛。

想象一个你去过或者想要去的地方，让你觉得安全、放松、宁静并满足的地方。用上你的想象力，让这个画面越真实越好。想象你就站在那里。偶尔你会神游一段时间，这是正常的。重新将注意力集中在画面上。当你在想象这个地方时，观察它的颜色、光线及阴影。

注意你周围的空气，想象出它在你脸上和手上的感觉。是潮湿还是干燥？有没有风？尽量让这个地方显得真实。这个安全平静的地方有味道吗？深吸一口气，想象这个地方的味道。

观察这个安全、舒适、宁静的地方的声音，想象它寂静没有声音。观察这个场景中的物品。注意它们的形状和颜色。看看它们的线条，是直的还是弯的？是圆的、方的、规则的，还是不规则的？现在想象这些物体并注意它们的触感。也许有一个是平滑的而另一个是粗糙的。想象场景中的每一个部分。

现在，设想自己伸出手去触摸其中的一个物品。注意它的颜色、质地、线条或曲面。感受手的感觉。这只是让这个地方变得平和安全并且放松的其中一个物件而已。

如果你的场景中没有物品，那么找一个最让你觉得安全平和的地方坐下。将你的注意力从场景转移到呼吸上来。注意自己的胸腔，留意呼吸的放松感。留意面部、颈部和肩膀肌肉的放松感。感受自己的手臂但不要移动它们。记录它们的放松感。然后是肚子、手臂、手、躯干、腿。用一点时间享受放松和安全的感觉。

重新回到你的场景中，用所有的感官去观察它，再次观察它的颜色、形状、气味和声音，这一切都让你的场景变得安全平和。停留在这个阶段几分钟然后慢慢睁开眼睛。

许多冥想训练都会用到这种场景设想的方式。你也许想要去寻找自己设想的地方。

视觉表象的力量

身体会对愿景做出反应。第五章提到的自我同情训练已经清晰地解释了这个观点。训练想象力能够有效地让人保持平静，尤其是在产生愤怒的时候。比如，有个粗心的司机突然把车开到你前面，你可以选择想象他是一个智商只有五岁的人。每次我举这个例子时，都会让人发笑，至少也会有个微笑。想象一个有趣的画面会让你的身体去阻止愤怒。这两种情绪很难并存。显然，想象力能够很快帮助你停止愤怒。

强烈的愤怒会让你觉得别人是邪恶的。回想他们过去表现出乐观、关爱、同情的样子能帮助你避开愤怒。这并不意味着让你否认或最小化自己的愤怒。它是在帮助你合理地、积极地管理愤怒，从而能够冷静地思考对方做出这种行为的原因。

　　我多年前的一个客户就是个很好的例子。瑞秋，一名兽医，她很高兴经过几年的策划自己终于能开一家属于自己的诊所。但她面临一个大问题：每当她走进等待室，都倍感压力。并不是因为看病的动物，而是因为它们的主人。她看到他们总是迫切不安的，或高高在上的，而且有时候会用言语攻击自己。

　　我建议她把这些客人想象成因担心自己宠物的疾病或伤口而没有耐心的孩子。我让她设想，这些抱着猫猫、狗狗、兔子或长腿鹦鹉的男男女女，都是因为害怕而被孩童逻辑控制。她意识到所有这些人的行为都源于同一个念头：渴望自己心爱的动物能够最快最完全地健康起来。这种想象能有效地让人产生安全感，并变得冷静。

听音乐

　　听音乐是另一种放松方式。它也许不能像其他训练那样明显地让你变得冷静，但研究发现听音乐能降低皮质醇的含量。[①] 虽然有些研究表示古典乐是最适合的，但你可以选择最让你放松的音乐类型。[②]

　　音乐可以加深我们的情绪，也能让引导我们远离这些情绪。有些

---

　　① S. 可哈里法, S. 达拉. 贝拉, M. 罗伊等. 舒缓音乐对因心理压力产生的唾液皮质醇的影响. 纽约科学学术年报.999（2003）：374~376

　　② E. 拉韦, N. 施密特, J. 巴宾, M. 法尔. 与压力对抗：不同音乐的作用. 应用心理生理学和生物反馈.32.（3/4）.（2007）：163~168

人容易随着音乐变得冷静，但有些人还需要一些训练。

通过对加强自己身体的关注，你越来越了解自己的想法和感受。放松身体能帮助你在自我反省时产生安全感。下一章提到的愤怒的框架将为你提供获得这种反省的方法。

进一步思考

1. 你看这一章时有什么感受？这章的内容或练习有没有让你产生哪些特殊的想法、感觉或身体反应？你觉得紧张吗？你有没有不赞同哪些观点？你有没有完成所有的练习？如果没有，你是如何向自己表达关于做练习的事的？你有没有只想做其中某些训练？如果有，原因是什么？

2. 在阅读这一章时，你有没有遇到第二章中描述的那些挑战？如果有，是哪几个？有没有哪些想法阻碍你关注自己的身体？也许你觉得这些训练太过以自我为中心或者浪费了你的宝贵时间。

3. 你可能觉得控制愤怒的爆发不需要事先去做这些训练，在愤怒时才会用到它们。然而，让身体产生记忆需要反复地训练。那么，当你觉得自己不需要这些训练时你会怎么说服自己？

4. 留意这些技能是如何帮助你管理负面情绪的。关注产生正面或负面情绪时自己的感觉。

第七章　理解愤怒的框架

当一同训练时，正念和自我同情能够："减少冲动反应，提高自主能力，提升情绪敏感度，增加对根源性伤害的了解，为我们提供安全有效的交流模式。"[①] 这两种训练都能帮助我们选择恰当的方式对愤怒做出反应。但还有其他自我意识技巧能够让我们深入了解每一种感受，并提高我们产生健康愤怒的能力。

自我意识技巧能帮助你探索愤怒与欲望、需求与期望的关系。它们能帮助你辨别自己的情绪。你会留意自己的思维、感受和触发愤怒

[①] 阿伦森. 西方佛教事件. 113

的方式。正如心理学家保罗·埃克曼（Paul Ekman）所说："想要选择宣泄情绪的方式，首先你要意识到情绪的产生，就好像引发熊熊大火前的火星一样，导致行动的冲动也是如此。"[1]

本章的框架能够帮助你产生这种意识。我用它来帮助我的客户或学习班参加者超过二十年了。[2]

就好像放大镜能看到肉眼看不到的东西一样，这个框架能让你发现愤怒的苗头。知道这点会让你不那么容易被愤怒打败。

这个框架不能帮助你提升正念和自我同情的技能。它能让你注意到一系列反应：所有内在感受及它们如何相互作用。

相比于从头开始，我更希望从节点——感受到愤怒开始讲起。愤怒的感觉是一种最容易识别的情绪。

愤怒

当被要求描述产生愤怒的情景时，很多人会回答是某个诱发事件导致了愤怒。图 7.1 展示了愤怒产生的时间轴。

---

[1]　保罗·埃克曼．情感意识．纽约：亨利·霍尔特出版社．2008.23
[2]　B.戈尔登．健康愤怒：如何帮助孩子和青年管理愤怒．纽约：牛津出版社．2003

图 7.1

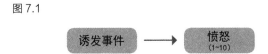

　　现在这个框架并不能很详细准确地表达愤怒时的状况，真正的顺序更复杂。许多因素在诱发事件前起了至关重要的作用，其他的在诱发事件后促使我们迅速做出反应。而有些就在愤怒产生的时刻将自己的影响力扩大到极致。我们的框架会不断完善，循序渐进地展示。这些因素及它们在愤怒产生过程中扮演的角色，以下练习能够帮助你发现它们。

练习：了解诱发愤怒的因素

　　找一个坐着舒服、不会被打扰的地方。做几分钟正念式呼吸，然后唤醒你的自我同情。做这些能够在训练前帮助你打开和运用自己的观察力。

　　回想最近一次你愤怒时的情景，像看录像带一样在脑海中回放事情的经过。尽可能地重现当时的每个情景：现场摆设、人物、人物的动作和你的表现。这么做的目的是让你重新找回当时的感觉。回忆这个情景可能会让你觉得不适。

　　如果实在无法忍受请换一次愤怒的情景。

　　想象情景中的物件，记录它们的颜色、形状、纹理及质地。如果有人，试着回想他们的长相、衣着、身材、习惯性动作、面部表情，以及他们说的话和说话的语气。回忆当时的时间和天气，如果你觉得这些跟你的愤怒有关的话。你越还原当时的真实情景，就越能体验到当时身心的紧张感。

现在你已经完全沉浸在当时的自己中了，努力去回味愤怒的感觉。给自己的愤怒打一个分，从1~10逐步递进，1代表轻微愤怒，10代表盛怒。

身体反应

重新回放你的录像带，暂停在你感受到愤怒但还没有做出反应的时候。逐步地从头到脚扫描自己的身体。继续阅读之前，感受和观察在愤怒产生时及产生前出现的各种感觉。

你的身体出现了什么反应？肌肉有没有紧张感？如果有，是在手臂、胸部、脖子、眼睛周围还是遍布全身？体温有没有升高？有些人生气时会觉得身体发热。呼吸节奏有没有改变？变快或变得急促？这些都是愤怒时最常见的身体反应。

很有可能你感受到的愤怒强度只是大体上的，而且记不清楚太过细致的身体反应。也许你只能回想起自己很激动。图7.2表示了此时愤怒产生的顺序。

图 7.2

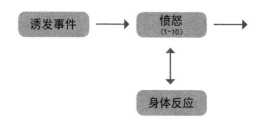

　　图中的双向箭头表示愤怒的感觉来自身体但同时也能产生身体反应。你的身体反应会影响自己的情绪，同时，情绪也会刺激身体反应。如第六章所说，辨别自己的身体感受能帮助你注意情绪。你对这种感受的留意能让你对自我同情有积极的回应。

与自己对话

　　现在，尽可能地回想刚才愤怒时产生的一切想法（内心对白）。这些你在愤怒时的"自我对话"，并不是表达愤怒时大声说出来的话。你在脑海中已经产生了一些句子或仅仅是词语甚至只是一个字。比如，你可能会想："该死！""等着瞧！""我不会放过你。""真不敢相信发生了这样的事。"或者"太不公平了！"图 7.3 表现了这一要素。

图 7.3

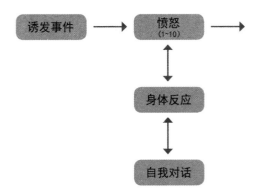

反思愤怒时的自言自语也是正念训练中的一项。举个例子，你很生气，你的一个好朋友把你的秘密告诉了别人。在产生怒气时你可能会有以下某些甚至全部想法："混蛋！""真不够朋友！""我要报仇。"或"我受够了！"

此时的内心对白能够加重或减轻你的愤怒感。训练健康愤怒和自我同情旨在知道自己的想法是在加重愤怒还是减轻它。很快你会意识到自己可以选择自我对话的形式。这样，就能慢慢地培养自己进行安抚性的内心对白。

画面感

有些人愤怒时脑海中会浮现画面。这些画面可能是关于诱发事件的,也可能是关于如何宣泄怒气的。回想自己愤怒时脑海中的任何画面。

让我们重新回到那个泄密朋友的例子上。在你被激怒时,你想象了一个会让你愤怒的画面,比如过去你们亲密无间时的场景。

注意这些画面,与注意自己的身体自我对话一样,让你意识到当时的感受都是暂时的。相比于刺激愤怒,你可以选择让你变得冷静的画面。图 7.4 描述了画面与愤怒的关系。

图 7.4

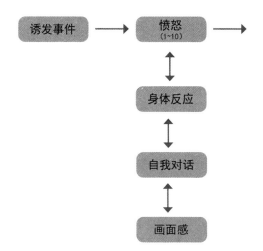

负面感受

现在重新慢慢地回放你的录像带，注意那些明显让你产生愤怒的时间节点。回忆变愤怒前所有的负面感受。如第一章提到的，愤怒常常是负面感受引起的，或是负面感受的一个分支。这可能是愤怒产生的时间轴上最让人难受的点。就是这个时刻引爆了你的愤怒，此时你需要的是自我同情。在某种程度上，会有这些感受是因为你感觉到了威胁。事实上，做这个训练时，你可能会因为产生负面感受而再次觉得受到威胁。

刚开始或许并不那么容易能察觉到这些感受。你可能会因为不适感而迅速转移注意力。

很多人在第一次进行这个训练时，会用烦躁、恼火、厌恶这些词来描述愤怒前的负面感受，这是可以理解的。然而这些词，其实只是愤怒的种类。你可能会说你很激动，而激动表达的更多是身体感觉而不是心理感觉。区分自己的感觉能够削弱愤怒和攻击的关联，这很重要。[1] 能够识别自己的感受是情商的一个重要组成部分。情商的其他要素包括能够区分自己的感受，能够识别并区分他人的感受。情商促进了你与自己和他人的联系，提升你们的关系并帮助你实现目标。[2]

做一会儿正念式呼吸，然后继续专注于区分愤怒产生前的感受。

---

① R.庞德，T.卡什丹，N.德沃尔等.愤怒者从侵略性转向温和态度：每日日记分析.情绪.12（2）2012：326~337

② 丹尼尔·戈尔曼.情商.纽约：班塔姆出版社.1997.43

这些感受可能包括：

沮丧	抑郁
失望	疑虑
羞愧	拒绝
尴尬	被忽视感
崩溃	被贬低感

图 7.5

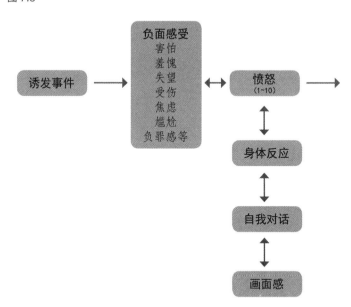

通常,愤怒不止由一种负面情绪引起。你会体验到一种或多种感受。图 7.5 表示了愤怒产生过程中负面感受的时间点。此图表示负面感受能够产生身体反应、自我对话及画面感,并且列举了几种负面感受。它强调你感受到的所有感觉都是身心状态的一部分。同样地,图中的双向箭头表示这些因素都能够相互影响。

重新回忆刚刚那个生气的场景,回想你当时有没有后悔发怒? 有没有因为变得愤怒而焦虑?

或者,你觉得尴尬或受辱,又或者,你只是觉得失望。评价自己的愤怒或感觉会让你产生这些负面情绪,这么做只会强化你的愤怒。

评估

评估是一种下意识反应,这种自我对话的方式发生得既迅速又悄无声息,让你根本察觉不到。其实,评估是你在事情发生时的第一反应。能够察觉到这种快速的下意识评估,是理解想法是如何影响负面感受(包括威胁)的至关重要的一步。图 7.6 描述了包括评估在内的愤怒框架。

辨别那些导致愤怒的感受,记下注意到诱发事件的时刻,你能识别出那些引起负面感受的评估吗?

在那个朋友泄密的情节里,下意识反应可能包括:"她背叛了我。""真不敢相信发生了这样的事。""我就知道不该信任她。""我跟她的告密对象也无法做朋友了。""她让我难堪了。""我不会再信任任何人。"或

"我真不该告诉她。"很明显，有些想法会导致图 7.6 中的感受。

图 7.6

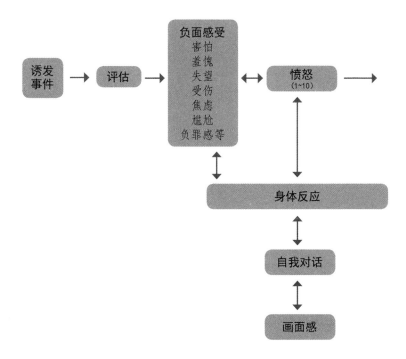

评估可能是不切实际的。它们经常会被孩童逻辑影响，而非理性的思考。它们发生得过丁迅速导致我们难以察觉。而且评估能够表现出我们对这些情景的应对方式。习惯会让我们向愤怒屈服，让我们难以改变评估的方式。以下是一些常见的非真实评估：

· 这代表他 / 她不喜欢或不在乎我（而事实并非如此）

· 发生这样的事都是因为我（而事实并非如此）

· 他 / 她故意要让我生气（而事实并非如此）

· 这证明世界并不安全

· 别人丝毫不在乎

· 如果这都能发生，那还信什么上帝

· 如果我的伴侣（孩子，父母等）做了这件事，那么他 / 她就是不爱我

· 我的名誉就靠这件事了（达到某种成就，获得某种能力或身体素质等）

· 我的未来都指着这件事了（虽然并没有）

· 如果发生了这样的事，证明我不该这么做

· 如果发生了这样的事，那我的需求、渴望、期待都再也满足不了了

· 因为这件事并没有满足我的需求，所以我的需要和渴望再也得不到满足了

· 我该放弃了

· 我控制不了自己的生活

这些例子可能不能准确地表达你的评估，但它们显示了当事情超出预想时你的反应。某种程度上，你的反应源于童年或青春期时让你产生消极世界观的"情绪剧本"，让你对某些细节特别敏感却忽视了其他。① 按照这个剧本生活，是为了让自己觉得安全。然而，它会对你过

① 保罗·埃克曼 . 情感意识 .75

度保护，让你容易觉得自己的需求和渴望受到威胁，虽然并没有任何威胁存在。过激反应的缘由常常可以追溯到过去，而不仅仅是反应时的诱发事件。这个过去，可能是几秒，几分，几小时，几天，甚至是几个星期。比如，一个人刚刚遭遇的事件可能与过去一个更让他／她痛苦的经历相类似。这种经历会在人的神经元上形成某种模式，让人容易愤怒。

诱发事件可能被认为是长期未达成的心愿、渴望和需求的又一次阻碍。人们经常会有属于自己的敏感问题，一种因过去的经历甚至是遗传产生的想法和感受模式，他们会让你在特定事件上变得敏感易怒。谢莉尔，二十二岁，提供了这样一个例子，有一次她对她交往两年的男朋友杰夫发火：

他总是不准时回家，不准时给我打电话，或者花太多时间跟朋友在一起，这都让我觉得愤怒。我常常立马断定他不再爱我，我不应该再信任他或者觉得他这么做对我不公。

谢莉尔大部分的愤怒来源于担心被抛弃，这是她过去的不安全感造成的。谢莉尔前两段感情都因男友的离去而结束。她的父母在她六岁时离婚了。妈妈在她十三岁时已经再婚多次，变得极度自卑，而且长期沉浸在感情中，很少陪伴在谢莉尔身边。

谢莉尔现在的感情引发了对童年感受的共鸣。在进入一段新的亲密关系中时，她重新对自己及他人产生了负面感受和负面态度，包括愤怒。她通过对男友侮辱性的控诉来表达自己的愤怒。

从某些层面来说，杰夫的表现刺激了谢莉尔的敏感。他这种未经治疗的注意缺失紊乱让他很难准时。

通过正念训练和愤怒框架，谢莉尔慢慢地认识到，她的过去经历及自尊心影响了自己的评估。她意识到杰夫晚归时自己的愤怒源于过去的感情经历。她以曾经的自己，那个迷茫、沮丧、没有安全感的小孩的角度来评估杰夫的行为。这些最近的事件好像在提醒她不应该依靠别人，不配被爱。孩童逻辑和无助感，这些童年养成的心态，再一次刺激了她的愤怒。

现在想一想，不像谢莉尔，你对自己更有安全感，有美好的童年。你的伴侣如果出现杰夫那样的行为你或许也会担忧，但产生情绪的程度和方式或许不一样。你可能会觉得疑惑，或轻微地焦虑、失望或者受挫。不像谢莉尔，你产生这些感受时并没有觉得受到威胁。如果你觉得愤怒，也不是因为不安全感、害怕失去、不信任或自卑。

每个人的感官能力都不同。想象一下你的家庭对金钱和财务安全特别在意。你长大后可能也会对经济问题特别敏感。如同其他的敏感问题一样，你的过去会增强你的情绪并且让你变得固执。就好像孩子对身边人的情绪特别敏感一样，你的孩童逻辑会让你对潜在的金融风险过度警惕。成年后，即使没有现象表明有担忧的必要，你也会变得警惕。这种焦虑容易让你愤怒，特别是当评估让你觉得对自己的经济束手无策时。

或者，你需要一种极度的公平感，而且还容易认为别人对你不公平。很多人过分地认为自己被轻视或抛弃。越是在意自己的敏感话题，越容易愤怒。

注意愤怒时的评估方式是一种干涉和改变愤怒进程的方式。一旦你能辨别自己的评估，就能分辨出哪些是真实的，哪些是被过去或敏感问题过度影响的。你会选择更客观、平静、自我同情的评估方式。你的评估会变得更细心、更理性，不被孩童逻辑左右。

诱发事件

愤怒始于一个诱发事件，它会阻碍你内在的协调及幸福感。这些事件不一定是人为的，也可以是闪电击中了你的车，宠物狗咬坏了你最爱的拖鞋，或者仅仅是电脑死机。

诱因可能是一件事，也有可能是一连串事。有些事就是谚语所说的压死骆驼的最后一根稻草。

比如，你在开车上班的途中发现自己把手机忘在了家里，回到家后回因为害怕迟到而紧张。到了公司，打开电脑，发现有二十五封要你立即处理的邮件，在阅读这些邮件时，主管让你去参加一个紧急会议，这些事情叠加在一起让你觉得不堪重负。建立在这些基础上，下一件事很可能就会是你的愤怒目标，特别是当你评估它为不公平、不公正或有威胁的时候。

压力会让我们在面对新事件时变得更脆弱。比如亲人的离世，工作量大，父母的责骂，生病或事故，甚至这些事接连发生或同时发生。

积极的事也能让人急躁。艾文，三十四岁，联系我时描述了一堆高兴的事：

六月，我完成了工商管理学硕士的所有课程，七月结了婚，八月买了新房。还有，九月我要开始新的工作了。两个月前，十二月的时候，我妻子怀孕了。

他过去也不是一个易怒的人，但是他妻子和朋友说他越来越容易激动。很显然，这些事独立地分开时都是让人高兴的，但它们紧密地串联在一起让艾文觉得极度紧张。艾文一直有着取悦他人的需求。他无法拒绝别人，在想要说"不"时也会说"好的"。他不断地想要表达自己的压力却屡次失败，这让他不得不接受短期内生活的不断变化。结果，他的压力转变为极度的焦虑。能够理解，虽然别人觉得他易怒，但他的焦虑并不来源于愤怒。因为想要让别人对自己满意，愤怒让他很不自在。事实上，部分焦虑来源于对身边人日益增长的愤怒。经过多次的自我反省，艾文在面对自己的愤怒时变得更坦然。他认识到能自如地说"不"，是健康愤怒管理的一个主要部分。

诱发事件可能是真实的，也可能是想象的。你可能因为梦中心愿未达成而起床时充满怒气，你可能因为想象或预估将要发生的事而变得愤怒。仅仅是在脑中幻想某个事件就有可能让自己变得愤怒。

有时候，你都没有意识到某件事对你的愤怒产生了影响。这常常发生在对自己生气的情况下。萨拉，很多年前我的一个客户就是这样。她说在这周的课程上她发现自己变得易怒和不高兴。刚开始，她并不知道是什么原因转变了自己的情绪，通过进一步的调查才纠正了自己。

周一，她的主管对她现在正进行的工作做出了负面评价。她瞬间觉得不公平并且有了被贬低的感觉。虽然当时她并没有在意这件事，但在这周的课堂上，她发现自己高度自责并且怀疑自己的工作能力。她的反应源于通过所学习的管理负面情绪的方法，她意识到了自己的状况。她是这样描述自己的理解的：

> 我的成长过程中都不太会愤怒，我觉愤怒让我难受。无论是言语上还是行为上，父母从不用语言或行动表达愤怒。我曾看见过他们对我哥哥表达愤怒的方式。我父亲会看着他，脸上带着受伤和失望的表情。我到现在都记忆犹新，随后父亲就离去了。有时候他几天都不跟哥哥说话，母亲对此从不做任何表态。从那时起我就决心千万不能让父亲用那种眼神看我。我不想成为他冷暴力的对象。

萨拉从小就害怕愤怒并且不愿意表现出愤怒。她极力地避免对不满对象表现出愤怒。当她对别人愤怒时，她把这种怒气指向了自己。虽然她意识到并接受了焦虑和被贬低感，但她没有第一时间意识到这个事件诱发了愤怒。

警觉诱发愤怒的事件意味着要善于观察。显然，有时候你会心情不好，但就算做自我反省也无济于事。如果是这种情况，不妨晚些时候再去寻找或者就让它这样过去。你越善于留意诱因，就越能意识到自己的敏感事件。

期望

　　每天早上，你带着对他人、对世界、对自己的期望醒来。这些期望植根于你的过去，成长于现在。这些期望围绕在你真实的生存需求、感知到的需要和渴望的周围。在你面对每天发生的事时，它们帮助你形成自己的心态。

　　每天，每时每刻，你的感受都会与期望进行对比。如何处理期望与现实的反差是决定因素。如果现实呈现的结果符合起床时的期望，那么就容易产生满足感。如果够幸运能一整天都处在这种状态，你就会称这一天为美好的一天。你觉得自己充满活力，觉得世界对你是接纳和支持的。最重要的一点，你的安全感让你觉得满足。你可能不会说出来，但如果一直这样你会觉得生活很美好。

　　图 7.7 展示了期望达成及落空的感觉。

　　我们的期望会影响生活的方方面面。有些是真实的而有些是虚幻的，虽然不一定能留意到它们，但我们常怀揣着这些期望。

图 7.7

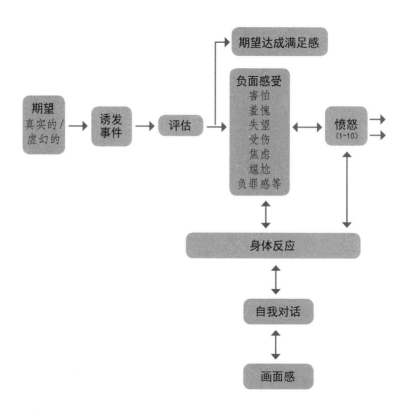

对日常活动的期望

想一想你每天的日常活动。比如，午休时在外办事遇到塞车，冲进加油站买一个三明治。设想你的预期是在一个附近的小咖啡馆里悠闲地享用午餐。很显然你已经对如何分配自己的午休时间有了期望。你的愤怒程度取决于你对期望的忠诚度。

你期望自己在通勤上只花一定的时间；你期望碰到的人都是正常的；你期望在你最爱的餐馆吃的饭和上次的一样美味；你期望看新闻时没有什么大事发生，看新闻的设备完好运作。

对人际关系的期望

期望对任何的关系都有影响，比如家人、朋友、同事及其他人。再回到那个朋友背叛你的故事上。你可能对"真"朋友有一定的期望。在与别人产生意见分歧时，他／她应该站在你这边。也许你用朋友对你的帮助能力来丈量友情。你可能觉得真正的朋友不会让你失望，他们会借钱给你，帮你搬家，绝不跟你的前任约会。在一段情侣关系中，你可能期望对方能知道你真正想要的是什么。

我们经常用自己的标准去判断别人。每个人都有这样的期望。想一想早期的愤怒事件，事后，你希望从诱发事件中获得什么？你的期望被情绪影响了吗？你有多少期望来源于渴望多过需求？

期望和判断力

你看着一个人，心想："真不敢相信，他怎么能这么想？我不相信他这样做了。"这种反应就源于你对别人的期望，你认为怎样做才是"对"的。这种想法没有考虑到每个人是不同的，有不同的做事风格。

也许你看到家长在一家餐厅里呵斥孩子。你可能马上就想："这个家长真可怕。"或者你干脆小声地嘟哝"可怕"。可能你会有波涛汹涌的不安感或失望感甚至对这个家长的行为感到厌恶。又或者，你会认同这个家长的行为，你会想："真不敢相信这个孩子做了这样的事。"或者："如果是我的小孩，我会……"无论是哪种情况，你都已经在别人的行为和你对别人的期望中产生了下意识的比较。

期望和工作场所

与人际关系一样，在工作场所愤怒情况较少跟对期望的需求和忠诚度有关。肖恩就是一个很好的例子。

肖恩为一家公司工作了十五年，已经卓有成就。他从小职员晋升到了中层管理岗。有一天他去上班时被通知在三小时内整理好自己的东西，离开公司。肖恩这样描述自己的反应：

我大发雷霆！我知道要裁员，但觉得是别人。我完全没有做准备。我的意思是，我信任公司，信任我的主管。这让我觉得更愤怒。我觉得自己被背叛了，这几年我如此努力地工作，牺牲了这么多时间和精力。而我换来的是三个小时的打包时间。真不公平……但我却无能为力。

肖恩曾听闻公司要与别的公司合并，但主管多次跟他保证他不会受到任何影响。然而他不知道的是公司新的管理层决定取消他的部门。

肖恩的期望很早就形成了。晋升和上司的赞赏让他确信自己这些期望一定会实现。通过观察自己的父亲和别人，肖恩认为好的工作意味着工资高，工作稳定。不幸的是，他发现工作稳定没有自己想象的那样容易，工作中的变化时有发生，这就是新的现实。

如果你太过忠实于自己的期望，就容易产生痛苦。

期望与着迷

意识到自己过度地着迷于某件事情对理解自己产生愤怒的过程尤为重要。佛教是这样描述着迷的：着迷是一种对某些想法、某些人，或者物件太过夸张的情感投入。[①] 着迷会对生活的和睦、协调及意义有着影响。然而，过度的着迷会容易遭遇痛苦。

---

① 水野弘元 . 佛教的要素 . 日报：佼成出版社 .1996.154

比如，当你过度着迷于某个想法时，你的思想就会被束缚，不愿接受任何与之相违背的想法。你对某个人着迷时，你就会失去自我，找不到自己的人生道路，因为你已经没有心思去考虑自己。同样地，对物质的渴望，比如房子、车子或银行存款，也是一种过度的着迷，对物质的着迷，目的是体现自己的价值。通过这些例子，你能发现，太过依恋、太过忠诚于自己的期望会让人容易被愤怒击垮。

期望与生活

生活充满了挑战，世事难料。我们只能尽可能地用自己拥有的资源去对抗生活中的挑战。

但当面临挑战时，我们常常会坚信生活应该朝我们期望的方向发展。所以当期望落空时，产生负面感受是很自然的。明白自己的期望能帮助我们察觉它们是如何影响愤怒的。

关于期望的例子

心理学家大卫·伯恩斯（David Burns）表示，如果人持续地沉浸在"应该"中，那么他们其实是活在一个虚幻的世界里。[①] 被"应该"操控的期望引发的痛苦比事与愿违产生的痛苦要强烈得多。以下这些

---

① D. 伯恩斯 . 感觉良好 . 纽约：埃文河出版社 .1980

不切实际的期望常常触发愤怒：

- ·我应该是完美的（别人也应该完美）
- ·我说的都是对的
- ·别人应该按我认为的方式生活
- ·生活应该是公平的
- ·我不该遭受痛苦
- ·我不该忍受挫折
- ·我所有的需求和渴望都应该被满足
- ·我随时都应该（必须）让所有人满意
- ·我的需求和渴望总应该排在别人的前面
- ·我随时都应该知道自己的需求和渴望是什么
- ·其他人不需要我解释就应该知道我的需求和渴望
- ·如果这个人爱我，他／她就应该知道我的需求和渴望
- ·如果这个人爱我，他／她就应该随时帮助我实现我的需求和渴望
- ·满足某个需求和渴望应该是对另一个未满足的需求和渴望的弥补

有关期望的挑战

观察自己的期望是否合理意味着注意自己的内心对话，它会告诉你，应该如何与现实对抗。这非常有挑战性。有些人建议我们就不该抱有期望，因为期望总让人受苦。我曾经遇到这样一个少年。他每次

举重时都会告诉自己："我不行，我不行，我不行。"很明显，因为不愿遭受希望落空的失落感，他选择通过这种方式来保护自己。但这种方法阻碍了他全力以赴去达成目标。

和这个年轻人一样，你也可能会为了避免受伤而不抱期望，在生活中放弃自己的情感投资。拥抱生活意味着明白自己的期望，将它们视为不一定总能实现的希望、心愿和抱负。当你发现无法实现它们时，你能够接受"生活就是这样"。

动力：需求和渴望

愤怒的核心来源于自己的需求和渴望没有被满足而产生的威胁感和挫败感。时间轴里所有愤怒产生的因素都从这一点出发。同时，愤怒会让你忘记注意自己的内心，让你忽略自己的需求和渴望。图7.8呈现了完整的愤怒框架。

期望来源于需求和渴望。它们是你生活的动力，是你最根深蒂固的价值观。它们是信仰、情绪和行为最坚实的基础。

有些需求来源于生理性能，满足它们是你最基本的生存条件，比如食物、衣服、住所和早期发展时的某些关爱。

你的生活很大部分建立在次于生存必需的需求和渴望上。这些需求和渴望来源于你的性格。它们与情绪、想法和行为相互作用。审视以下清单，找出最能驱使你的力量：

图 7.8

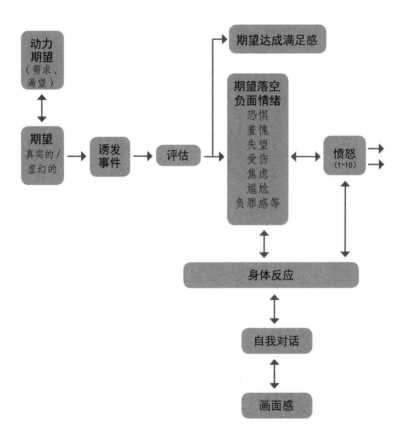

被尊重	有安全感
被接受	被认可
被保护	受重视
满足营养需求	有挑战
被爱（或爱别人）	自我接纳
社交	精通某事
独立	有规划
有创造力	与人亲密
兴旺	稳定
有掌控权	碰到新鲜事物
乐观	富有同情心
感到平静	避免特定情绪
能胜任	被认可
被万众瞩目	孤独

核心动力和最在乎的

核心动力会影响我们每天的态度和选择，比如友情、工作、空闲时间、道德和世界观。它们对我们的生活重心进行了排序。

比如，有些人强烈地需要用安全感来迫使他们去关注未来；有些人极度追求新奇，他们会抓住一切机会探索新的地方，学习新技能，认识新朋友。

有些人最大的动力是避开想要避免的事，而不是去寻找。比如，为了避免不足感或羞愧感而对完美和不出错产生强烈需求。从根本上来说，这种情况源于对内在协调的需求。

转换优先顺序

如何给自己的需求和渴望排序可能会影响我们的生活。孩童时我们可能比成人更需要依赖感。这些变化着的顺序会强迫我们改变生活方式，比如人际关系、住处，或如何打发闲暇时间。

我们每时每刻的动力可能都不相同。中午，对午饭的需要可能大于完成工作的需要；当一天工作结束后需求又发生了转变，我们想要安静，想要娱乐，想要进行社交活动。夜里，睡觉是我们最大的需求。

你可能会觉得自己被好几个动力控制着。控制欲也许可以帮你产生安全感；渴望被接受的欲望与被爱和关心的欲望常常一同出现；在工作上，既希望满足金钱需求，又希望能满足创造需求。

改变动机能从不同角度影响你。我的一个客户韦恩，像我描述的跟妻子和女儿的互动，就很好地反映了这一点。他喜欢每个周末都去拜访岳父岳母，与亲人在一起让他觉得很快乐。在岳父岳母家时，他很放松，很细心，而且关心妻子和女儿。上周开车回家时，突然间，他变得易怒，而且有距离感。他是这样说的：

> 我后来才意识到这一点，我一进到车里就变得紧张。我太过专注

于工作，很少关心妻子和女儿。我基本上都把周日空下来，但是那周我不得不赶一个报告，所以我把它安排在了周日晚上。我对自己不得不做的事觉得不安，而且对它要占据我的周末感到厌恶。我最讨厌的就是工作，却把气撒在了家人身上。

当韦恩把车开出停车场时，他想起了这个报告。从这个时刻起，他就变成了一个粗暴冷漠的丈夫，开始忽视自己的家庭。这只是优先顺序突然转变引发愤怒和焦虑的其中一个例子。

相互矛盾的动力

有时候，我们的动力会相互矛盾。我们想要和伴侣一起却又渴望独处，想要有创造力又能赚钱最后却选择了一个收入稳定的工作。或者，我们对创造力的渴望与被认可的渴望相矛盾。

矛盾的动力会导致过激与易怒，最终产生负面感受，诱发愤怒。这个时候，你就会把这种并不强烈的愤怒矛头指向别人或者自己。

詹姆士，二十八岁，希望成为一名企业家。他想要一种更有自主权、更自由的生活，但当他想着要离开公司时，安全感的需求让他变得焦虑和受挫。他并没有意识到这种矛盾让他在工作和家庭中变得容易激动和愤怒。詹姆士是这样描述的：

我发现自己对工作上一些小事特别容易动怒。有时候是我的主管，有时候是同事没有达到工作要求。我感觉到自己不想在这里了。其实我一直想要成为一名厨师，但又不想有那么久的工作时长。我不知道自己想做什么，但我知道自己变得非常容易愤怒，我知道暴躁和刻薄是我宣泄愤怒的方式。

矛盾的动力经常是爱情中主要冲突的根源。你也许很爱自己的伴侣。同时，你又痛恨对方，因为你觉得花了太多精力来满足对方的需求，却忽视了自己的需求。当然，爱情包括妥协和满足至爱的渴望。但一味地顺从伴侣的需求，会让你觉得孤立无援、力不从心，最终导致愤怒。

核心动力和同情聚焦理论

回顾关于动力的那份清单，你会发现每一个动机都源于同情聚焦理论：有安全感，觉得被关注或依靠，追求充实的生活。对这些动力的专注和自我同情是健康愤怒的核心。通过探索愤怒的意义，我们与真实的自己进行了交流，明白了自己真正在意的是什么。

这种专注为我们提供了更多的机会，它激励着我们在完成心愿的道路上前进。

这一章的重点在于愤怒框架，它介绍了产生愤怒的影响因素，旨在帮助你加强身心对愤怒的敏感度。下一章，我们会通过练习来实践这个框架，让你看到愤怒时自己的想法、感受和身体反应。

进一步思考

用这个表格探索愤怒时你有什么反应？如果有，试着发现自己的身体反应。你感觉到紧张了吗？如果有，在什么部位？你可能想不起紧张的感觉，以下任务能激起你部分的紧张感。

1. 你能想起时间轴中关于自我对话的内容吗？对这个框架你有什么不满意的地方？在应对第二章中关于自我同情的挑战时，你有没有进行任何的自我对话？

2. 看完这章后，你感受到了哪些情绪？当你无法辨别自己的反应时，有没有对自己感到愤怒或沮丧？

3. 在阅读这一章节时，你对我有没有产生某些情绪？在试图研究如何理解愤怒时，这个框架有没有达到你的期望？

4. 想一想你最近接触的人，尝试辨别自己对他们的期望。再问一问自己这些期望是否真实。

5. 回顾关于评估的那份清单，找出引起你愤怒的评估。

6. 回顾关于期望的那张清单，找出那些经常诱发你愤怒的期望。

7. 回顾关于动力的清单，找出那些你觉得你最在乎的动力。

8. 能促使你愤怒的动力是什么？

第八章 探索愤怒产生的工具

在这一章中，你会拥有一个工具，它能帮你了解愤怒框架中各个环节的感受。愤怒日志能帮助你理解最近一次的愤怒并为将来的健康愤怒做准备。每当你完成一份日志，你就会更加关注愤怒伴随的需求和渴望，以及期望、评估、身体反应和消极感受。

愤怒日志

愤怒日志能帮助你检测愤怒时的感受进程，让你在改变愤怒进程上变得更游刃有余。

通过不断地完成不同情境的愤怒日志，你会发现自己的愤怒模式，并找到自己的敏感问题。

它能让你对愤怒的认识逐层递进。事实上，这份日志让你开始思考用不同的方式应对愤怒。通过回顾自己的想法和寻找新的思考方式，你能投入地训练专注和同情。通过训练，你学会在真实生活中观察和辨别一些被记录在愤怒日志中的内容。只有通过不断练习，才能让你更清晰明了地知道反应产生时有多么复杂。表 8.1 是一张空白的愤怒日志。

表8.1　愤怒日志

动力 → 期望 → 诱发事件 → 评估 → 负面感受 → 愤怒强度（1~10）
身体反应：
自我对话：
画面感：
诱发事件前的事件和心情：

　　刚开始你可能会觉得气馁，这种感觉很好。在某些程度上，愤怒会转移你不适感的注意力。正如第二章所说，你会避免去注意自己的想法和感受，因为这种自我反省让人不好受。

　　当我们停下来反省自己的想法时，会发现有些想法让我们难堪，有些则根本没有意义。我们有些愚蠢的想法、可怕的想法，及其他一些不体面的想法。我们的痛苦来自于那些不想回忆起的记忆，和那些未实现的梦想。

　　甚至都还没填完愤怒日志，你就会发现按着愤怒框架的程序来思考会让你减少对愤怒的反应。最小的进步就是发现自己可以控制愤怒。做到这一点可能只是因为你意识到那些不切实际的期望，并修正了它们；又或者你决定通过练习这本书中提到的正念式呼吸或肌肉放松法来放松自己，或者让自己变得三思而后行。

　　或许都不需要进一步的自我反省，你的新技能就能成功干扰愤怒。能做出积极的改变是一大进步。但你如果不花时间去完成愤怒日志，你就很难完全觉察到愤怒下的需求和渴望、想法和感受是如何相互影响的。训练健康愤怒不仅仅是改变对愤怒的回应方式，同时也需要对愤怒有新的态度和认识。

愤怒日志完成指南

　　1.填写日志前先让自己身心平静下来。当你觉得从愤怒中脱离出来后再开始填写。诱发事件发生后，达到完全脱离可能需要几小时甚至几天。这样做的目的是让你能够分析自己的感受并且发现真实情景中的重要元素。

2. 对自己的内在感受更留意。在填写日志前先做几分钟正念式呼吸。唤醒你的自我同情来增强自我反省。正念和自我同情能够让你有安全感并能全身心地投入感受中。

3. 回忆事件的细节。参照第七章，回顾诱发事件，像看录像带一般地进行回放。记录当时的环境、涉及的人，以及你的内心感受。体会自己的想法、感受和身体感应。重新回忆当时的画面、声音，甚至是温度，这样可以让你的回忆更逼真。

4. 描述诱发事件。简要地陈述最关键的诱发事件，即那个与愤怒的产生有最直接关联的事件，就算它只是最后一根稻草也没关系。

5. 记录之前的事件及心情。简要描述诱发事件之前可能会影响你心情的情景。诱发事件只是导致你愤怒，而这些情景可能是最影响身心状态的。

6. 给自己的愤怒程度打分。在诱发事件发生后马上给自己的愤怒程度打分：1 代表最轻，10 代表最强烈。

7. 识别自己的身体反应。在回看录影带时从头到脚扫描全身（见第七章）。这样做能增强你的注意力，在愤怒产生时你能很快意识到自己的生理反应。阅读下一章所谈到的生理反应能对你有所帮助。

8. 识别自我对话。记录自己对愤怒及其他负面感受的想法。它们并不是你对诱发事件的下意识评估，但却是与之相伴的内心对白。

9. 识别画面。简要叙述当出现负面感受，包括在愤怒时，你脑海中想象的画面。

10. 识别负面感受。识别在愤怒产生前你最直接的负面感受。事后，回顾之前那张感受清单，给那些你无法辨别的感受贴上标签。这些感受对增强与自我的联系来说都是极其珍贵的。第九章介绍的方法能帮助你识别这些感受。

11. 识别评估。刚开始你可能只能识别出某个下意识的评估。通过不断训练，你能识别出数个评估。

12. 识别期望。首先列出那些你已经识别出的期望，然后回顾自己的评估。通过回顾当时形成的评估，你能更好地察觉到诱发事件前的期望。尤其要注意那些不符合逻辑或者被孩童逻辑影响的期望（这些期望往往在事后才能发现），观察自己记下它们时有没有犹豫。这么做能让你知道期望是多么不合理。的确，有时看到自己大脑的某些想法会让我们觉得尴尬。不要太自责。此时正是自我同情的用武之地，它会帮助你接近这些感受，注意到多种期望叠加的时刻。

13. 识别你的动机或动力。当诱发事件对你造成威胁时，你感受到了哪些需求和渴望？运用第七章的动力表单来帮助你。

感受清单

受虐	高兴	受挫	有力
激动	空虚	狂怒	力不从心
惊慌	沮丧	乐意	激怒
冷漠	绝望	慷慨	后悔

吃惊	被贬低	伤心	懊悔
生气	削弱	有罪	难过
痛苦	失望	快乐	自我怀疑
烦闷	不信任	憎恨	吃惊
不安	厌恶	无助	悲痛
焦虑	幻想破灭	绝望	惊讶
羞愧	渴望	丢脸	紧张
敬畏	失礼	无礼	恐吓
背叛	怀疑	不耐烦	威胁
痛苦	恐惧	不足	兴奋
无聊	尴尬	恼怒	不悦
平静	激怒	孤立	不值得
受骗	热情	嫉妒	脆弱
愉快	兴奋	机智	温暖
冷淡	振奋	珍爱	虚弱
同情	被利用	疯狂	担忧
关心	担心	满意	卑微
满足	喜欢	希望	

如何使用愤怒日志：四个小故事

本章接下来会讲四个小故事。它们展现了不同的愤怒情况，以及对应的愤怒日志。

泰迪：女友威胁分手

泰迪找我寻求帮助，让我帮他想如何让女友玛雅留下来。这对情侣一年前在一起后就一直吵架。每当他们争论后，玛雅都不讲话并且拒绝讨论这件事。上一次发生类似情况时，玛雅表示："我现在就要结束这一切！"这是泰迪愤怒的一大诱因。在之前的争吵中，他经常大声咒骂。这次，他把台灯砸在地上。他告诉我，玛雅也能做证，他并没有要砸她。他是这么说的：

我就是太生气了！我知道因为我的愤怒我们的关系已经岌岌可危了。我就是不能容忍她说要结束这段关系。我无法控制自己，但并没有想要伤害她。我就是觉得需要砸些东西，砸完后的那一瞬间让我能舒服一点。但事后我马上意识到这么做只会让事情变得更糟。

事后，泰迪清楚地意识到砸灯的行为让他释放了愤怒和负面感受，也看到这种愤怒是如何让玛雅失望并加深了她想要分手的念头。泰迪在日志上记录的一系列反应如表 8.2 所示。

泰迪意识到自己对被抛弃过于敏感。他过去的两段爱情马拉松，都是因为女友的缘故分手。他八岁时父母离异，之后就很少跟父亲相聚。通过进一步探索自己的感情和填写愤怒日志，泰迪辨别出了更多对诱发事件的反应。这些反应被记录在更完整的日志上（表 8.3）。

表8.2 泰迪第一次填写的愤怒日志

动力 ➞	期望 ➞	诱发事件 ➞	评估 ➞	负面感受 ➞	愤怒强度（1~10）
对爱和交流的需求	我们是情侣	玛雅威胁要离开我	我要失去她了	焦 虑 威胁感 受 挫 无 理	10

身体反应：全身异常激动

自我对话：没注意到

诱发事件前的事件和心情：过去担心玛雅会抛弃自己的体验和早年间害怕被其他人抛弃的体验

表8.3 泰迪第二次填写的愤怒日志

动力 ➞	期望 ➞	诱发事件 ➞	评估 ➞	负面感受 ➞	愤怒强度（1~10）
对爱、交流、掌控、稳定、安全感的需求	我们是情侣	玛雅威胁要离开我	我要失去她了。这件事又发生了。她不爱我了。我要单身了	焦虑、威胁感、受挫、无礼、伤心、背叛、无助、被抛弃	10

身体反应：全身异常激动

自我对话：没注意到

画面感：没有

诱发事件前的事件和心情：过去担心玛雅会抛弃自己的体验和早年间害怕被其他人抛弃的体验

在之前与玛雅的争吵中，泰迪的确有害怕被抛弃的感受。当冲突升温时，玛雅拒绝沟通让情况变得更糟。泰迪觉得沮丧、无助、被抛弃，所有这些情绪交织在一起让他回想起了过去的孤独感。他强烈的愤怒阻碍了他体验这种痛苦。不幸的是，这也让他忽略了这种愤怒让玛雅有了威胁感。泰迪和玛雅都过于专注在愤怒上而忽视了自己的伤痛和害怕。

贝琪：泄露秘密的朋友

贝琪经历的诱发事件我们之前也讨论过：一个声称绝对不会告诉别人的朋友泄露了她的秘密。在公司，贝琪在与马尔科认识不久后开始约会。她觉得可以隐瞒这段恋情，因为他们在不同的部门，她想在搞清楚后果前谨慎地处理这段关系。约会两周后，她实在抑制不住自己的喜悦，将这件事告诉了关系要好的同事桑德拉，她坚信桑德拉是可以信任的，不会把这件事告诉别人。

能够理解，当两周后另一个同事询问起她和马尔科相处得如何时，她很惊讶也很沮丧。同事承认是桑德拉泄露了她的秘密，贝琪变得暴怒：

我真的火冒三丈！我真心认为可以信任桑德拉，所以只告诉了她，没告诉其他任何人。这让我很伤心。我马上打电话给她告诉她我再也不想跟她说话了，没有给她任何解释的时间。在发生这样的事后，我有什么理由留住这个朋友呢？

　　这只是贝琪愤怒经历中的一个。在跟马尔科交往两个月后，贝琪已经对他发了好几次脾气。事实上，是在意识到因为自己的愤怒导致过去的恋情都以失败告终后，贝琪才开始想要寻求帮助。

　　结束对桑德拉的控诉后，贝琪描述自己的愤怒程度为10。当我问她在愤怒前还产生了什么感觉时，她说自己太生气了，以至于只注意到盛怒和狂躁。通过对照感觉表，她辨别出了其他的负面感受，呈现在愤怒日志上（表8.4）。

表8.4　贝琪的愤怒日志

动力 ➡	期望 ➡	诱发事件 ➡	评估 ➡	负面感受 ➡	愤怒强度（1~10）
对诚实的渴望	我的朋友应该守口如瓶，我应该信任自己的朋友	她泄露了我的秘密	我不能信任她。我不会再信任任何人。我不想再跟她做朋友了	背叛、失望、伤心、怀疑、无礼、忽视、不信任	10

身体反应：胸口紧张，呼吸加速

自我对话：真不敢相信她这么做了。我会跟她算账的。我还专门提醒她不要告诉别人（每句话不断重复）

画面感：我想象了桑德拉跟别人说这个秘密以及他人的反应

诱发事件前的事件和心情：过去和最近的被背叛感和失信感以及对他人失去信心

这个例子证明，第一次填写愤怒日志时，除了不同的愤怒感，你很难说出其他的感觉。通过增加专注力，你可能能够辨别出 1~2 种愤怒前的负面感受。最后，对照感觉表，你能找出导致愤怒的大部分感受。

当然，当亲近的人辜负了我们的信任时，有一系列的负面感受是很正常的。贝琪长期的背叛感加强了她的愤怒。曾经无数次，她对别人的信任遭到了践踏。通过完成愤怒日志，她意识到了这件事。

贝琪的下意识评估，让她决定结束和桑德拉的友谊，让她回想起过去和姐姐起冲突时的处理方式：她可能几个月都不跟姐姐说话。同样，年轻时，一旦受伤或失望，她就会马上结束恋情。她无法与自己的感受相处，也无法谈论自己的痛苦和绝望。通过分析和马尔科相处时的几次愤怒过程，贝琪开始了解自己的内在反应。

杰里米：一次交通事故

在一次交通事故中，杰里米与对方司机产生了肢体冲突。法庭裁判让杰里米去学习愤怒管理课程。他承认自己有时候有愤怒问题。在这次事故之前，他的愤怒从未触犯法律。

上班路上等红灯时，杰里米不小心和前面的车追尾了。他是这样描述自己的反应的：

车祸的原因不全部归咎于我，后来他说我"愚蠢"。就是这个词，让我暴跳如雷。我的愤怒在几秒钟内上升到了 60。我试图从地上找些重的东西，最后用石头砸了他的挡风玻璃。

杰里米承认多年来他有过几次肢体冲突。最近，他将怒气撒在物体上，幸运的是，附近的警官在冲突升级前出面干预，这对双方来说都是一件好事。杰里米第一份愤怒日志为表8.5。

表8.5 杰里米的第一份愤怒日志

动力 ➝	期望 ➝	诱发事件 ➝	评估 ➝	负面感受 ➝	愤怒强度（1~10）
对被尊重的渴望，对控制欲的渴望	他应该尊重我，他应该承担责任	被说"愚蠢"	他没有尊重我，他怪罪我，这不是我的错	被贬低、无礼、被批评	10
身体反应：肩膀和手臂有紧张感，呼吸加速					
自我对话：我不敢相信他这么说，这是他的错					
画面感：没有					
诱发事件前的事件和心情：与同事争论；过去的经历，特别是跟自我怀疑有关，尤其是在智商上					

我问杰里米他对这起事故有没有责任，他很快说没有。几秒钟后，他又羞怯地承认当时他全神贯注地在想之前和同事吵架的事情。我鼓励他留意自己的评估。通过留意，他开始能够提供更多关于愤怒产生时感受的细节（表8.6）。

表8.6　杰里米的第二份愤怒日志

动力 ➡	期望 ➡	诱发事件 ➡	评估 ➡	负面感受 ➡	愤怒强度（1~10）
渴望被尊重，渴望受控制，渴望自己看起来阳光、温暖、自信	他应该尊重我，他应该负责	被说"愚蠢"	他没有尊重我，他怪罪我，这不是我的错。是我的错我应该更小心，我太蠢了	被贬低、无礼、被批评、尴尬、对自己感到失望、自我怀疑不够优秀	10

身体反应：肩膀和手臂有紧张感，呼吸加速

自我对话：我不敢相信他这么说，这是他的错

画面感：没有

诱发事件前的事件和心情：与同事争论；过去的经历，特别是跟自我怀疑有关，尤其是在智商上

　　杰里米回忆起在事故发生的当下，他认为自己需要承担部分责任并且责怪自己如此不小心。但当受到另一个司机的贬低时，他的自我质疑、尴尬及不足感让他觉得极度不适。通过完成愤怒日志，杰里米发现自己的反应不仅仅是因为被说愚蠢，还有之前与同事吵架时遗留下来的负面感受。杰里米对批评极度敏感，尤其是对他的智力表示怀疑。这个敏感话题引起了他激动的反应。

温迪：和青春期女儿的冲突

温迪是三个孩子的母亲，因为与大女儿希瑟的冲突，她来寻求我的帮助。过去她们的关系一直很融洽，但希瑟到青春期时，她们的关系变得紧张起来。温迪说自己与小女儿和儿子间也有一些问题。

她说了很多最近几个月对希瑟发怒的例子。我建议她观察自己的感受有没有任何的相互作用。她是这么说的：

> 最近每当希瑟说周六晚要住在朋友家时我们就会吵架。那天晚上我已经安排了去探望我的父母。最近，我们很少去探望他们，所以我希望全家都在一起去。我会怒气冲天，告诉她这么做是非常自私的。她对我大吼，说我控制欲太强，然后带着怒气回自己房间。她偶尔会出来，但不讲话，整晚都在回避我。
>
> 最近，我们又开始吵架了。

温迪填写了关于这个事件的日志（表8.7）。这份日志是家长与青少年发生冲突的典型案例。当温迪仔细观察她们的冲突时，她发现这些冲突不是简单的青春期焦虑。温迪告诉我她觉得跟丈夫罗杰的关系越来越疏远：

> 五年前，无论是精神上还是肉体上，我和罗杰都非常亲密。但现在，我们变得有距离感，关系变得紧张。四年前罗杰丢了工作，并在之后

的六个月内一直处于失业状态。这对他的收入水平有很大的冲击。从那以后他彻底变了。而我的体重在不断增加，说实话，我并不喜欢这样。我觉得自己没有以前有魅力了。

表8.7 温迪的第一份愤怒日志

动力 →	期望 →	触发事件 →	评估 →	消极感受 →	愤怒强度（1~10）
渴望被尊重	她应该听我的	她挑战了我的极限	她表现的充满挑衅和没有礼貌，她太固执了	被忽视、不被尊重、受挫、伤心	8
身体反应：面部有紧张感					
自我对话：我不会让她去的					
画面感：在父母家而她却不在					
诱发事件前的事件和心情：过去和希瑟的冲突及早期关于控制欲的感觉					

温迪说她很爱孩子们，她不后悔自己放弃工作，全职在家带孩子。她很快意识到希瑟变得独立增加了自己对未来和孤独的担忧。虽然还有两个孩子，但对希瑟的不满让她的担忧逐渐显现。她意识到因为婚姻上的孤独感，她将情感依靠寄托在希瑟身上。我鼓励她去观察自己对诱发事件的反应，然后她填写了第二份日志（表8.8）。

表8.8 温迪的第二份愤怒日志

动力 →	期望 →	触发事件 →	评估 →	消极感受 →	愤怒强度（1~10）
对亲密关系、理解的渴望	她应该听我的，我们的亲密关系	应该永远不变，她挑战了我的极限	她表现得挑剔和没有礼貌。她太固执了，我要失去她了	被忽视、不被尊重、受挫、伤心、焦虑、被抛弃	8
身体反应：面部有紧张感					
自我对话：我不会让她去的					
画面感：在父母家而她却不在					
诱发事件前的事件和心情：过去和希瑟的冲突及早期关于控制欲的感觉					

虽然温迪注意到了自己缺乏安全感，但她没有注意到自己害怕失去丈夫的心情对女儿产生了消极影响。

这四位客户为了更好地理解他们复杂的愤怒因素都开始训练正念和自我同情的技巧。他们还变得善于察觉那些容易导致愤怒的长期的想法、感受和行为。接下来的几章将会提供一些练习帮助你在追求健康愤怒的道路上，更深入地探索自己的习惯。

进一步思考

1. 愤怒日志的哪一项让你觉得最难察觉？

2. 阅读这一章时，你有没有进行自我对话？如果有，你相不相信你感受到的紧张与第二章中所说的挑战有关？

3. 现在，你对培养健康愤怒的渴望有多少？你如何让自己更投入？

4. 我强烈建议回顾第二章"进一步思考"中问题 4 的答案。我会继续强调和提醒你问自己为什么看这本书，这么做能帮助你在训练健康愤怒的进程中多留意自己，对自己有耐心。

第九章　对感受的专注与自我同情

　　了解自己的情绪对生存也至关重要，它与你携手抵抗自己内心和环境带来的威胁。这种自我意识帮助你辨明自己的喜好、需求和渴望，也能让你对自己及他人产生同情。它帮助你追求自己的目标，建立良好的人际关系。

　　练习健康愤怒需要掌握洞察、辨别及管理自我感受的能力。良好的心理幸福感、身体健康、和谐的人际关系及较强的工作能力都能让人具备这些能力。[①] 这一章为你提供了能够增强对感受的专注与同情的练习，这些练习在战胜消极愤怒上有着重要作用。

---

　　① 　D. 乃利斯，I. 寇索，J. 霍尔迪巴克等. 提高情绪胜任力能增强身心幸福感，社会关系和就业能力. 情绪 .11.（2）（2011）：354~356

察觉情绪

情绪察觉能力表示你能承认和接受自我感受，以及能够辨别其中的区别。这种察觉力需要你能观察自己的情绪而不是将自己观察到的放大并对其过度反应……即使在混乱躁动的情绪中你也能保持自我反思。[①] 这种专注能让你意识到无须理会或消除某些感受。

鼓励和示范可能是你学习打羽毛球、弹吉他，或掌握一门外语的主要动力。就像具体的细节对学习这些技能的重要性一样，情绪察觉力也取决于对感觉具体细节的知晓程度。请注意，有些感觉非常难以辨别，而有些则很容易。

本章提供的练习能帮助你获得、察觉并区分自己的情绪。作为获得健康愤怒的必经之路，你会变得对自己的内在更上心。

练习：放慢速度

在之前的章节我们说，情绪是嵌在身体里的，你必须倾听它们。这就需要你营造一种开放的身心模式。这项练习基于艾伦·福格尔（Alan Fogel）的训练，能够让你的注意力慢下来，帮助你完成目标。[②]

---

① 丹尼尔·戈尔曼．情商．47

② 艾伦·福格尔．从心理生理学角度看自我意识．纽约：诺顿出版社．2009.47

找一个不被打扰的地方坐下或躺着，做几分钟的正念式呼吸。有时候你的注意力会游离，留意自己的注意力转移到了何处，也许是因为风拍打窗户的声音，也许是肚子叫了。无论在想什么，将注意力只集中在一件事上。集中注意力是放慢注意力的关键。

多想几次这个念头，大声说出来可能会有帮助。也许你在思考的时候脑海中浮现了画面，集中注意力在这些画面上。然后重复几次这个想法，观察自己产生的任何感觉或情绪。

也许在你集中注意力时其他的念头也一并产生。如果这些念头跟你初始的想法相关，请保留它们。放慢速度去感受有无产生任何的感觉或情绪。如同视像化练习中的图像一样，这些感觉有时也会一闪而过。

这个过程需要花上一段时间。你需要等待然后让感觉和感受渗透进你的意识，即使你什么也感受不到，请坚持重复这个练习。

练习：专注于身体产生的情绪

这项正念训练为你提供了另一种了解自己情绪的方法。特别是在处理棘手情绪时，比如愤怒或诱发愤怒的感觉，这项训练格外有效。它是心理学家克里斯托弗·吉莫提供的训练之一。[1]

找一个让你觉得舒适、不被打扰的地方。闭上眼睛进行冥想，认真地审视自己，包括外在和内在，留意产生的感觉，注意呼吸时空气

---

[1] 吉莫.通往自我同情的小路.66

在鼻腔里的律动。

将注意力从呼吸转移到你想要处理的负面感受上。回忆当时引发这种情绪的场景，同时审视自己的身体，观察哪个部位的紧张感最强烈。继续审视自己的身体，观察哪些部分有紧张的趋势。

重新回到你觉得紧张感最强烈的部位。继续保持放松的呼吸模式，但想象和感觉自己的呼吸包围那个部位，缓解它的紧张。持续这个过程一段时间。

如果这让你觉得很不舒服，请将注意力重新转移到呼吸上。一旦平静下来，就重新回到刚才的情绪。重复几次这项呼吸训练，然后睁开眼睛。

非正式情况下对情绪有意识地反思

有意识地反思是一种与自我感受交流的有效途径。你可以通过上述方法进行这种反思，也可以就在每天的日常生活中进行非正式的反思。比如，如果你觉得有些心烦意乱，想一想这种情绪产生之前发生的事和你的想法。这能帮助你了解情绪的产生原因。你需要能够辨别和区分产生的情绪，值得注意的是，你的心情也许会对将来的事情产生影响。

举一个我自己的例子。八年前，一个周五的晚上，我驾车驶进银行的免停窗口车道取钱。前面有两辆车，所以我不得不等待。而前面人的业务似乎要办很久，所以我轻轻地按了几次喇叭示意对方快一点

（几年前我并不是很有耐心）。前面的司机立马转过头来看我，脸上带着怒气和困惑。我突然觉得尴尬，因为她大概有八十岁了。我用尽全力大声道歉："对不起！"之后一直乖乖地等着，直到轮到我。

五分钟之后，我的业务办完了，但却异常心烦意乱。在等红灯时，我审视了自己，发现自己心情很差，但却找不到原因。我回顾了最近产生的想法及发生的事，周末可能会发生的事。然而在工作时我一直状态良好，也没有什么让我的周末变得不愉快。开了几个街区后，我突然意识到了。

几分钟前的那件事对我的影响滞后了。让一个年长的司机生气使我产生了复杂的情绪。我发现自己觉得尴尬、内疚，甚至有一些羞耻感。我的整个职业生涯都在帮助他人，对他人表示同情和怜悯，很明显我的孩童逻辑被激发了。我为自己的所作所为感到自责。

在我明白原因之后，糟糕的情绪烟消云散。之后，我进行了自我同情式的自我对话，这一点我将在下一章讨论。它让我明白自己的感觉并向前看。

经验性回避

通常，人们掌控情绪的方式让这些情绪变得难以接近。作为一个成年人，我们一直不明白为什么"我的感受是什么"这个问题这么难回答。所以我们会思考要不要问这个问题，或者选择避免问这个问题。这也是为什么我们总是会让负面情绪从眼皮底下逃走的原因。

接受和托付疗法（ACT）的创始人，心理学家斯蒂芬·海斯（Stephen Hayes）把这种倾向称为经验性回避，回避"突然产生的负面情绪，如不想拥有的念头、感受、记忆或身体反应"。[①]

消极愤怒就是这种回避的一种。它让我们从引发愤怒的消极情绪中分心。从某种程度来说，抑制和压抑影响了消极愤怒。

抑制和压抑会阻碍我们对感觉的察觉。抑制，会让我们有意地通过无视、忘记或淡化，将这些感觉从意识中抹去。[②] 我们越是对这些感觉不适应，我们的潜意识就越希望避开它们：这就是压抑。正念、自我同情以及这章中的练习都能帮你重新找回这些感觉。

有时候，选择抑制是明智的。它能够在你理解愤怒之前压制你的行为，只有这样在面临冲突时，你才能提高对感受和期望的觉察能力。它能让你更容易意识到自己最真实的需求和渴望，但是，切记，当你试图对感受置之不理而非直面它时，抑制会产生消极作用。久而久之，它会增强不满和愤怒的情绪。

对愤怒的经验性回避

你可能饱受频繁、强烈、长久的愤怒带来的痛苦，它让你觉得十分厌恶以至于开始压制和抑制它。这么做是有挑战性的。如果你是用

---

① 斯蒂芬·海斯，K.司萨尔.接受和承诺治疗的实用指南.纽约：施普林格科学＋商业媒体出版社.2004.27

② A.弗洛伊德.防卫的机制与自我意识.纽约：国际大学出版社.1946

这种态度对待愤怒的，那么意识到自己的态度就需要自我同情。你需要激发自己的自我同情而不是变得严苛。提醒自己愤怒是正常的并且是人类天性的一部分。千万记住，愤怒本身与愤怒导致的侵略性行为是两个概念。

留意对负面感受的自责

如果有机会选择，大部分人都不希望经历负面感受。毕竟，它们让我们不舒服。通常，让我们痛苦的并不是这些感受，而是责备自己产生了这些感受。我的很多客户都会因沮丧而沮丧，因沮丧而愤怒，因焦虑而愤怒，因愤怒而焦虑，甚至因愤怒而愤怒。通过将真实感受和自己认为应该有的感受相比较，他们变得十分自责。他们觉得将负面情绪展现出来，是不坚强的表现，而有些人则认为自己不该有这些情绪。还有些人对自己产生这种情绪觉得厌恶，认为别人应该永远不会有这些情绪。

留意自己的情绪，包括留意自己是何时开始，又是如何评价它们的。你要知道自己最不想感受的情绪是什么，最让你感到尴尬和羞愧的情绪是什么，以及最让你不安的情绪又是什么。重新对照第八章的感受列表，找出最让你不舒服的感受。这些感受或许是让你最有成见的。留意自己的自责能够帮助你辨识这些导致对自己或他人愤怒的感受。

包括愤怒在内的混合、矛盾的情绪反应

健康的情绪意识包括识别和接受混合的情绪，比如两种或两种以上的情绪同时或先后出现。我们可能无法察觉那些渴望被表达的潜意识感受。这些感受源于潜在的需求，当我们无视或淡化它们时，我们就会表现得让别人或自己摸不着头脑。

亚历克斯在妻子的要求下来寻求帮助。她对亚历克斯惩罚孩子的方法表示担忧：他不会动手，但是会责骂和威胁。

当被问到自己小时候父母是如何惩罚他的，亚历克斯刚开始是这样说的："我的父母？他们很有爱。嗯，虽然我父亲偶尔会对我们大吼，有时候他会用船桨打我们，但只是打在屁股上。我们的确该打，这没有什么了不起的。"亚历克斯微笑着描述了好几段类似的经历。说完这些后，他总是强调有多爱自己的父母。

慢慢地，亚历克斯开始了解自己的感情，他渐渐地发现自己对当时的遭遇觉得愤怒和伤心。他很爱自己的父母，并觉得这种愤怒让他羞愧。当他感到愤怒时，马上开始通过回忆父母对他的爱来反击这种情绪。他在识别混合感受时面临的困难来自多方面。用非黑即白的方法来思考会更容易。全局思维，在下一章我会介绍，会让我们忽略体验情绪中的小细节。并不只是亚历克斯，很多人都很难察觉对亲人及至爱的混合或复杂的感情。

小心转移注意力的方式

很多人为了处理或避免某些感受，用尽各种让自己分心的方法，比如酒。酒是社交场合最常见的。一杯酒可能能让饭桌上的氛围更融洽，即使只是一点，也能让焦虑和负面情绪一扫而光。

抽烟或吸食大麻可以让你从那些让人难受的感受中逃离出来。还有些人通过埋头工作、大吃大喝、玩儿命锻炼来摆脱特定的情绪。

诚然，这些方法都达到了一定的效果，比如网络，成了某些人分散注意力的主要方式。玩游戏、刷微博，或仅仅浏览网页成为他们应对日常生活中感受的方式。

拖延也是一种躲避愤怒情绪和想法的有效途径。专心地去鉴别及接纳我们完成任务过程中产生的感觉是克服拖延症的第一步。

如果你想要辨别让你分心的感觉，请在你想要进行上述活动时立刻停止，克制自己的冲动。专心地倾听自己的心声，找到那些从中作梗的感受，并观察自己是否希望摆脱它们。

区分想法和感受

通常，我们容易愤怒是因为没有辨别出想法和感受的不同。这一过程会让部分人变得很困惑。能掌握这种辨别能力并不容易，它能帮助你贴近自己的感受。以下是我对在这项训练中挣扎的人的引导：

伯尼：所以，你的诱发事件是上司告诉你你的年度评估成绩为良好？

杰克：对，我觉得我的成绩可以更好，我这一年非常努力地在工作。

伯尼：那么，从 1 到 10，你给自己的愤怒打几分？

杰克：最开始我觉得是 8 分，但后来我继续跟他商谈，发现他没有改变主意的想法，很快就上升到了 10 分。

伯尼：现在我们来回顾在你还没感觉到愤怒时的内心活动，倒回去体验你当时的感受。

杰克：我觉得他表现得很混账。请原谅我的用词，但我觉得他是个浑蛋！他这么做一点也不公平。

伯尼：我再重申一遍，我问的是你对那份评估的感觉，但你描述的是对他的想法。

杰克：好吧，我觉得他是个浑蛋！

伯尼：那是一种观察。当你说他表现得像个浑蛋的时候，你有什么感觉？

杰克：我不该受到这样的对待，这不公平。

伯尼：当你没有受到你觉得自己应有的待遇时，你有什么感受？

杰克：我当然是很失望和受挫。

伯尼：让我们停在这个时刻，这些感受上。它们是你对自己内心感受的观察，而不是对其他人的观察。它们证明了上司的行为对你内在产生的影响。观察自己的身心，审视自己的内在反应，最后给你的观察结果贴上标签。这里有一份感受清单。（给他第八章的感受清单）。对照这个清单，找一找在你开始愤怒之前有哪些感受促进了愤怒。

如第八章所说，我建议你在第一次回忆时先不要看这份清单。之后，再对照这份清单，看看有没有遗落的。

伊桑，一个结婚三年的高中老师，也面临了同样的问题。

伊桑：下班回家后，她又这么做了，真是令人难以置信！我们说好先做一些研究再选出一个最好的健身车，可是她居然现在就买了。而且买了最贵的。

伯尼：当时你有什么反应？

伊桑：我问她她在想什么。

伯尼：你告诉她你的感受了吗？

伊桑：哦，我知道她知道我的感受。我朝她大吼，告诉她她太蠢了。

伯尼：你记得自己还说了什么吗？

伊桑：记得，一开始，我跟她说让她看看这个月她花了多少钱。我们超支了，我不想用这么多钱。

伯尼：还有别的吗？

伊桑：我说她根本不顾我的感受。

现在，你觉得在伊桑对妻子买健身车这件事的反应中，他的感受有哪些？虽然他的言语和表达方式流露出了愤怒，但他其实并没有真正地告诉过妻子他生气了。说她愚蠢，告诉她怎么做，认为她欠考虑，这些都是想法而不是感受。我通过进一步的试探来帮助他更明确自己在愤怒之前的感受：

伯尼：在脑海里重新回放一遍这件事。想象你回到家中，然后暂停在看到健身车那个时刻，你有什么感觉？

伊桑：说实话，我气炸了！我一下子火冒三丈。

伯尼：所以，你变得愤怒。你知道是什么负面情绪让你愤怒的吗？

伊桑：我知道，我觉得，她又一次无视了我……我知道，我又觉得当涉及钱的时候我就不能相信她。

伊桑说"她无视了我"而不是"我觉得被无视了"，"我不能相信她"而不是"我觉得怀疑"。这些细微的区别都表明他在观察自己的经历而不是情绪。即使我进一步地诱导，他还是难以辨识对妻子买健身车这件事的感受，而是一直在分享他的想法。只有在更多地讨论并对照了情绪清单后，伊桑才注意到对妻子没有遵守承诺，他感觉到失望、受挫、不信任、被忽视、轻度的背叛。当我们把重点放在他对经济状况的担忧上，他很快意识到看到那辆健身车让他立马变得焦虑。

当问到对被言语攻击的感受时，人们回答不应是："他是个浑蛋！""他真蠢！"或"他就是想惹我生气。"这些都是想法，不是感受。而"被攻击""受到威胁"这类陈述则很清晰地表达了自己的感受，及这些感受对自己的影响。

以下四种方法能帮助你区分自己的想法和感受：

1. 辨别自己的感受意味着记录自己的内心体验并观察身心状况流露出的情绪和想法。

2. 当想要辨别自己的感受时，常常陈述的是观察别人时的想法。

3. 对情绪的表达往往为："我感到（或表示感觉的词）……"如果你将"感到"转换为"认为"，那么这种表述就毫无意义，你在观察自己的感受。比如："我感到失望"而不是"我认为失望"。

4. 感受往往只有一个词，而不是一句话或一段话。最简单的表达方式就是："当别人 ____ 时，我感到 ____ 。"

情绪暂停

你也可以通过每天做几次"情绪暂停"来关注自己的感受，通过暂停来查找感受。先从用几周来观察自己每天同一时间的感受开始，然后扩大到不同时间，为自己搜集更多的样本。

只需要问自己："我现在有什么感觉？"有时候你能很清晰地辨别出自己的感受。而有时的感受是模糊的、微弱的或复杂的。在第一次分析之后，对照感受列表。用 1~10 给感受的强度打分。留意感觉到的是许多感受还是仅仅只有一种感受或情绪。每周重新看一遍自己的愤怒日志，看有无固定模式。同时，试着去寻找导致某些特殊感受的相似情景。

感受的强度和普遍性

另一种观察自己情绪的方式为留意它们的强度及对生活的影响程

度。感受可能很快会消失，也可能会逐渐扩大最终变成了心情。它们也许会成为性格的重要组成部分，就是我们所说的"特点"。比如，焦虑、悲观或绝望都有可能是你表达观点或做出选择倾向时的主导力量。最终，有些感受变得太过强烈，以至于影响了你的正常生活，最终造成混乱局面，这时往往需要一些专业的建议。

回顾过去

我一直在强调，过去的经历对愤怒的影响，它会影响愤怒的产生、强度及应对方式。这种经历可以是最近的，也有可能是很久以前的。

父母或其他一些亲人对你造成的严重伤害是消极愤怒的最常见诱因。这些经历会导致你在现在的人际交往中产生不切实际的期望。有些人认为现在这些关系亲密的人应该对自己过去遭受的痛苦做出补偿。但是，过去已成为过去。

我很多的客户都会第一时间否认过去的经历对他们的影响。有部分原因是他们不想再次感受到那种痛苦和愤怒。这类人一般不愿意寻求帮助。对父母或其他人的愤怒和责备让他们觉得苦恼。这是孩童逻辑在作祟，让自己不愿对父母及他人产生这样的感觉。

观察过去是为了寻找答案而非责备，是为了明白过去是如何影响我们的想法、感受和行为的。变得专注和自我同情意味着知道最近或很久之前的事对你的愤怒有何影响。最后，你会发现，习惯性愤怒的诱因，往往是过去遭遇痛苦时，未被处理的感受。此时，你需要探索过去的痛苦根源，让自己变得释然，然后向前看。回顾过去能够帮助我们探索和辨别满足的需求，以及渴望满足它们时带来的痛苦，它们都是愤怒的根源。

每一章最后的"进一步思考"部分都为你提供了这种探索和辨别的机会。第十一章将会介绍如何运用愤怒日志来增强对过去和愤怒问题的意识。虽然这本书为你提供了拥抱愤怒的方法，但你还是需要专业的咨询来帮助自己处理愤怒。

愤怒与其他三种负面情绪的关系

虽然愤怒通常是负面情绪的产物，比如因为感受到威胁而产生愤怒，但它跟另外几种主要的情绪有着联系，需要引起特别的注意。理解这些联系能让你更清楚地看到自己的情感世界。

愤怒和焦虑

有些人因为愤怒变得焦虑，而有些人因为焦虑而愤怒。在愤怒时适当地产生一些焦虑是好事，它可以激励我们做出改变。缺少焦虑，在管理愤怒时会觉得难以克制。焦虑，如同愧疚一般，能让我们三思而后行，做出更明智的决定和行动。

有些人的反应中既有焦虑又有愤怒，它们都是因威胁感而产生。一般来说，焦虑会让人想要逃避，而愤怒则促进你做出行动。当愤怒威胁到你认识自我的时候，就会产生焦虑。又或者，愤怒的目的是摆脱焦虑带来的不适感。

我的一位客户，是一个软件工程师。他与几个老朋友建立了商业伙伴关系。在合作初期，对那些他认为是合作伙伴造成的失败，他表现得越来越愤怒。其实，对财务状况的担忧，才是隐藏在愤怒下的焦虑。而与朋友的合作关系，又激发了他内心的敏感部分——信任感。他经常把相互的意见不统一看作是关系的破裂。虽然他一度想要忽视、淡化和否认自己的焦虑，这种焦虑感却在不断增强。他通过对同伴的愤怒表达了自己对公司未来深深的焦虑。

最近的研究发现，愤怒可能会导致广泛性焦虑症。这种焦虑症的症状为持续的担忧。[1] 愤怒，和焦虑一样，常常源于一种无能为力的感觉。很明显，这两种情绪容易相互刺激。

愤怒和沮丧

容易沮丧的程度取决于基因和生活经历。沮丧的症状包括情绪低落、睡眠质量与食欲发生变化、无精打采、疲劳、对娱乐活动不感兴趣，以及绝望和卑微感。当我们沮丧时，面临生活中的挑战使我们觉得孤立无援，无能为力。我们坚信自己没有能力应对这些消极的事件。最终，放弃了能帮助自己走出困境的积极措施。

---

[1]　L. 阿布拉姆斯. 愤怒和焦虑：硬币的正反面. 美国心理协会毕业生. 2013 年 3 月. www.apa.org/gradpsych/2013/03/research.aspx

愤怒常常是沮丧的表现，源于悲观和无助的感受。男人和女人都会有沮丧感，但男人更难意识到自己的沮丧，也不愿意承认它。他们觉得这种情绪影响了他们的男子气概，而他们更倾向于用愤怒来让自己分心。[1]

即使是轻微的沮丧也能让人变得脆弱，并产生负面情绪，特别是愤怒。沮丧也可能源于后悔，对曾做决定的后悔或错过机会的遗憾。这些痛苦的源泉将导致持续不断的怨气，甚至是怨恨。

愤怒，特别是被抑制的愤怒，可能会成为沮丧的元凶。因为你没有意识到愤怒源于过去的伤痛，很多人不得不忍受沮丧。他们觉得愤怒让自己难堪和内疚，显得自己不够坚强。最终，他会被绝望与无助感包围。

沮丧也许源于童年时的遭遇，比如情感或肉体上的虐待或冷落。就算我们有善解人意又慈爱的父母，也难免会遭受情感上的痛苦。或许他们表现得很伤人，但我们不敢告诉他们自己的感受。我们害怕表达愤怒，甚至是表现出愤怒。我们可能坚信除非自己做错事，不然父母永远不会这样对我们。这种态度将我们的愤怒内化于心。

研究表明，成年人羞愧时比孩子更容易沮丧。[2] 羞愧和沮丧有着紧密的联系。羞愧会造成沮丧，而且当我们因感到沮丧而自责时，羞愧感也会随之产生。这两种情况都会让我们容易愤怒。

不难理解，愤怒会让人觉得沮丧，而沮丧也会引发愤怒。而自我

① R. 西蒙，K. 莱弗利 ."性别、愤怒和沮丧". 社会力量 .88.（4）2010：1543~1568
② F. 布什，M. 拉登，T. 夏皮罗 . 沮丧的心理动力疗法 . 阿林顿：美国精神病学出版社 .2004

同情是了解自我、理解自我和自我安抚的必要条件，消极态度而会破坏自我同情的养成。

愤怒与羞愧

　　羞愧和想要摆脱羞愧的欲望经常是愤怒的导火索。一些学者认为，产生羞愧感并不是因为不断地被告知我们做了错事，而是被告知我们就是个错误。[①] 羞愧，和内疚与尴尬一样，是在认为没有达到自己或别人的标准时，对自己消极的批判。[②] 其他一些学者认为，羞愧是因为觉得在别人眼里或自己眼里自己是不受欢迎的。[③]

　　诚然，一点点的内疚和尴尬可以让人更社会化。毕竟，我们还是要遵守社会的某些标准和期望。但当我们产生"有毒的"羞愧感时，问题就随之而来了。它会让我们对生活变得麻木。

　　心理学家兼作家迈克尔·刘易斯（Michael Lewis）列出了羞愧感的三大特点：（1）想要躲起来；（2）感到强烈的痛苦、不适和愤怒；（3）觉得自己不够好，不够优秀，没有长处。[④] 用于表达羞愧感的词包括：没有安全感、卑微、笨、愚蠢、不明事理等。[⑤] 羞愧会让人变得厌恶自己，

---

　　① J. 布拉德肖 . 治愈影响你的羞愧感 . 第二版 . 佛罗里达州：医学传媒 .2005.10

　　② J.P. 坦尼，K.W. 费舍尔 . 自我情绪意识——从心理学角度看负罪感，尴尬感和自豪感 . 伦敦：吉尔福德出版社 .1995

　　③ P. 吉尔伯特 . 同情之心：应对生活挑战的新方法 . 奥克兰：新先驱者出版社 .2009.315

　　④ 迈克尔·刘易斯 . 羞愧：暴露的自我 . 纽约：自由出版社 .1995

　　⑤ H. 刘易斯 . 神经症的羞愧与内疚 . 纽约：国际大学出版社 .1971

严重时将导致自我憎恨。羞愧时我们觉得自己毫无价值，会忘记每个人在生活中都会经历失败。

羞愧感让我们觉得自己不配生活在这个社会，甚至不配为人。它会让我们变得回避及敏感，最后觉得被孤立。它阻碍了自我同情的产生，也关上了别人同情我们的大门。羞愧和内疚都源于消极的自我评估。羞愧是针对整体的，而内疚常常针对某个特定的行为。内疚还会让我们尽自己最大的努力来改变现状。

容易有羞愧感常常是因为童年的遭遇。那些会丑化自己的经历让我们觉得羞愧。相比于其他人，将幼时受到虐待或父母情绪变化无常的原因归咎于自己的人，或者童年时对自己严厉的人，更容易有羞愧感。

对个人有评价性的言论，往往是羞愧感的导火索。以下的例子很好地解释了这一点。

假设你是个四岁的孩子，不小心把牛奶洒在了厨房地板上。有同情心的家长会说类似这样的话："这是个意外。我们都会发生意外，我来帮你一起把这里打扫干净。下次要小心。"这样的回答表达了意外是人之常情。它的关注点在洒牛奶这个动作而不是在你身上。你的父母提出帮助你一起料理后事，潜移默化地让你明白世界是有爱的，你的亲人会帮助你。最后，父母用建议你下次小心来作为对这件事的反馈。这种引导会让你变得更负责，下一次会试图避免再次发生类似的意外。

相反，最容易诱发羞愧的反应为："你怎么这么蠢！你太笨了！你总是这样，做事永远不计后果。看看你弄得到处都是！"很明显，这是对你个人的评价，让你感到羞愧的评价。它通过愤怒传递了失望和厌恶。"蠢""笨""总是""永远"这些词，是针对你个人的，而不是针对你的某个行为。这种毫无同情的态度将会破坏自我同情的发展。就算到最后，这种反应也没能提供任何有效的反馈，你还是不知道将来该如何避免再次犯这样的错误。

长此以往，父母的回应会在整体上影响你对批评和反馈的处理。现在设想我们长大了几岁，是一个二年级的小学生。当你把作业递给老师时，老师说"做得不错，但有一个词用得不恰当"。如果你的重要监护人，包括之前的老师给你的反馈都是针对某个行为的话，你会欣然地接受老师的反馈。你可以客观地考虑这个反馈而不是变得羞愧或愤怒。你会变得更现实，更自我同情，因为你知道人总会犯错。

相反地，假设你产生了羞愧的情绪。你很快将这个反馈视为一种泛泛而谈，觉得是对你个人的负面评价。你完全忽略了老师温柔的语调，忽略了自己只犯了一个小小的错误，甚至忽略了老师对你整体写作的夸奖。你变得愤怒，最终，你可能撕了那张纸，然后讨厌老师，讨厌学校，甚至变得厌世。

容易羞愧的程度会深深影响人际关系和对挑战的态度。而迅速的愤怒会让我们从羞愧中解脱出来。我的一个客户琼，就为我们展示了羞愧是如何引发愤怒的。

琼是个二十岁的大学生，她做事不积极，有轻度的沮丧。她有完美主义的倾向，并且非常容易自我批评，这些都影响了她的学习。她承认自己永远也不会问问题，因为这让她看起来很蠢。几次课程后，像别人一样，她表示自己回想起了童年时的经历。

她想起她妈妈教她游泳的事情。一开始她们都站在浅水区，突然，她妈妈抓起她，把她扔进了深水区。

当我问到她当时的感受时，她的表述让我觉得难过。琼说她用尽力气在游泳。但因为受到惊吓，她只是挣扎了一下，而且呛进了太多水。她觉得自己应该学会游泳才对。她记得当时对自己有多么失望和愤怒。

我告诉她，她在这次经历中学到的东西，并不是游泳，而是"我应该要知道自己不知道的事"。琼突然明白这种因不切实际的期望而产生的羞耻感对她的生活造成了多大的影响。

还有很多男性客户也有类似的经历。作为成年人，他们将自己的愤怒发泄出来。他们总需要觉得自己是对的或者完美的。为了不让自己觉得羞耻，他们竭力想要证明别人是错的。变得争强好胜和专横跋扈成了他们应对内心冲突的方式。他们甚至用愤怒来逼迫别人让步或退出，而不是意识到并承认自己的自我怀疑和羞耻。

羞耻可能是自我同情最大的敌人。培养自我同情的同时可以减少羞耻、焦虑、沮丧、自我批评、自卑及唯命是从，能增强自我安慰的能力。

观察可能导致或反映羞耻的想法是培养同情的一大挑战。接下来的章节会教你如何面对这个挑战。

进一步思考

1. 尽可能清楚地表述你处理羞耻、沮丧、愤怒和焦虑的方法。

2. 你认不认可"羞耻或试图避开羞耻加剧了你的愤怒"这句话，认可到什么程度？回答以下问题：

a. 当你没有完成自己的期望时，你变得愤怒的频率有多高？

b. 当你被批评时，是否会愤怒？是经常还是偶尔？

c. 注意自我怀疑是如何导致愤怒的。

d. 如果你觉得羞愧，是因为某件特定的事还是一个概况？

e. 生气之后你会不会觉得焦虑？如果会，你觉得这种焦虑对你有什么帮助？ ①

---

① P.吉尔伯特，S.普罗克特.对高度自卑与自我批判者的同情训练：集体治疗法的研究概论.临床心理学和心理疗法.13（2006）：353~379

第十章　对想法的正念与自我同情

　　训练对想法的正念和自我同情，可以让你意识到它们只是你万千想法中的一部分。这种正念能帮助你辨别想法是源于感性还是理性的思维。拥有这种分辨能力为你提供了一种有意义的选择。它能帮助你更清晰地思考，这也是控制愤怒的必要因素之一。它也能让你在自己的思想中如鱼得水，不容易感到威胁并且减少对潜在诱发事件做出反应。此外，意识到自己的想法能帮助你更好地确认自己的需求和渴望，并且区分这两者的区别。

　　你需要唤醒那个有同情心的自己来接纳自己的想法，辨别出自己的想法可能会让你觉得吃惊或受到威胁，这个时候自我同情尤为重要。

这种洞察力会影响你训练自我同情和健康愤怒的决心。

留意自我评估

以下的策略能帮你很清楚地认识到自己对诱发事件的下意识评估。它们能让你留意产生这些想法时的思维模式。

探究你的自我评估

重复地填写愤怒日志能让你更准确地识别这些自我评估。有些评估很容易被发现，而有的就需要更深的自我反省。以下的对话可以作为反省和探究自我感受的模板。

查理：我六岁的儿子马特有一天晚上特别沮丧。我让他把玩具收拾好然后上床睡觉，但他却继续在玩耍。他完全不尊重我，我变得愤怒，然后吼了他。我警告他，他只有三分钟时间，然后我就离开了房间。当我回来时，他的玩具还乱七八糟地散在地上。我立马抢过他手上的玩具扔进玩具箱里，他大哭起来，并且开始发脾气。于是我呵斥他让他离开房间去厕所刷牙准备睡觉。所以，这件事的诱发事件是他不上床睡觉。

伯尼：你的评估？

查理：他没有做要求他做的事。

伯尼：其他的呢？

查理：还有，他不尊重我。

伯尼：还有吗？

查理：我不知道，这是这周第三次出现这种情况。

伯尼：你觉得他是故意要惹你生气吗？

查理：不，在这一点上我还是有进展的。

伯尼：你的意思是以前你产生过这种评估，但这次你觉得他没有？

查理：对，但是，我想了一下，我其中一个评估是："又来了！"

伯尼：如果这是你的一种评估的话，你的反应就不仅仅是针对诱发事件了。

查理：对，我快速地回想了最近一次他这么做，那是两天前。

伯尼：上一次你用了多久让他上床睡觉？

查理：实际上，我用了二十分钟让他平静下来。

伯尼：你觉得你有没有一种评估是："又来了？我又要用二十分钟哄他睡觉？"

查理：对，我很快意识到前天晚上的事又开始了。事实上，现在想起来，我当时确实大声地说："不要再这样了！"

伯尼：在跟儿子周旋时还发生了什么？你本来打算在那二十分钟里做什么？

查理：我妻子和我本来打算看租来的电影，而且我很想有一点时间好好地坐下来放松放松。

伯尼：也许你推断自己本来没有时间放松？

查理：是的，我妻子和我在近几周都没有时间坐下来看电影。

在与查理的对话中，我把自己看作他自我探索的搭档。在谈话过程中我用自己的坦率和好奇不断地鼓励和支持他，让自己尽量有同情心并且保持客观。

从负面感受出发

先辨别出自己的负面感受，然后往回探索是另一种辨别自我评估的方式。问问自己在出现这种感受时可能会做出怎样的推断。比如，觉得被贬低意味着你的下意识反应可能是："他 / 她贬低了我。"如果你觉得不安，你可能将诱发事件视为对你的安全有威胁。如果你觉得对方背叛了你，你可能决定将涉及的人从你的同盟名单上除名。

对照第八章的感受列表，找出五个经常让你变得愤怒的负面感受。试着回忆让你愤怒的事件以及产生这些感受的评估。完成这项练习能帮助你辨别自己最常见的评估。

注意自己的判断

学会判断自己在用何种眼光观察自己的想法，是同情的还是批判的。注意将评估快速地判断为"愚蠢""笨"或"荒唐"的情况。这种判断影响了你的自我意识并阻碍了你完成任务。不难理解，很多评估

的产生是为了保护自己不受伤害。毕竟，你可能会认为自己最重要的
渴望和需求受到了威胁或挑战。所以，能肯定的是，有些下意识评估
并不符合逻辑。下面的对话为我们展示了判断的倾向：

　　伯尼：当丈夫在他父母面前不赞同你时，你描述了好几种情绪。你
强调了失望、受伤、不被尊重和挫败感。挫败感这个词可能听起来有
点严重，但我觉得你或多或少都感受到了一点。我在想你觉得受到背
叛是不是就断定他背叛了你？

　　奥尔加：不，那说不通，我知道他爱我。

　　伯尼：评估不是都能说得通，你可能知道他爱你，但是你感觉不出
来。毕竟，即使对方爱我们，我们也会觉得对方背叛了我们。

　　奥尔加：我不想承认这一点，但是我的确觉得尴尬，因为他完全站
在了他父母那边。这很愚蠢。

　　伯尼：也许事实确实如此，但你的情感让你感受到了其他意思。

　　留意一开始看起来矛盾的、荒谬的或让人不舒服的感受，需要有
包容意识，要去观察而不是分析。

另一种帮助你辨别评估的方法

　　这种方法需要知道你最初的想法，它可能是一个结论、一种意图
或关于某件事的看法。填写下面的句子为你提供了另一种识别评估的

方法：

1. 当诱因事件产生时，我推断 _____。

2. 如果他／她 _____ 了，那就表示他／她 _____。

3. 如果他／她 _____ 了，那就表示我 _____。

4. 如果我 _____ 了，那就表示我 _____。

5. 如果这件事发生了，那就表示 _____。

留意自己的期望

　　健康愤怒需要你能够区分理性的期望和孩童逻辑产生的期望。比如你希望自己的伴侣能准时，虽然他／她在过去五年里从未守时。又比如当你在做家务时，你希望你的伴侣也能同样地尽责，或者你希望他／她与你有同样的爱好。有时候，回到过去能帮你辨别自己的期望是否符合逻辑。有时你觉得自己的期望是合理的，但别人却并不这么认为。

　　这并不表示该放弃希望。相反，它提醒你过去为了满足渴望而做的努力，却并没有成功。坚持这些期望可能会进一步加深你的痛苦和愤怒。你需要寻找一些新的方法来帮助你满足自己的渴望，或者意识到这些现有的方法并不奏效。

　　第七章的期望列表能帮助你察觉自己的期望，请试着将它们与现实中的事件联系在一起。

留意会导致愤怒的期望和评估的想法

有些固定的思维方式会让你容易愤怒，特别是那些被孩童逻辑操控的。接下来的内容为你提供了这种思维的几个案例。

认知歪曲

心理学家大卫·伯恩斯（David Burns）在他的畅销书《感觉良好》中谈论认知歪曲时引用了认知心理学的相关内容。认知歪曲表示认知中存在错误的、不合理的成分。[①] 他强调了思想对感受的影响。在这之前，认知理论认为是思维操控了情绪，但没有强调情绪会影响我们的思维。想法和情绪会导致认知歪曲。阅读以下的认知歪曲的描述，判断它们对你的期望和评估造成的影响程度。尤其要注意它们是如何增强威胁感包括愤怒在内的负面情绪的。

极端想法。极端想法引发的欲望和评估会让我们更容易愤怒。这种想法可以是整体的也可以是有针对性的。它让我们的心胸变得狭窄，限制我们注意细节的能力，并阻碍我们观察那些与自己观点起冲突的想法。一些极端想法包括"你要么爱我，要么不爱我"和"你非敌即友"。

----

① 伯恩斯 . 感觉良好

倾听自己的心声。"经常"和"永远"这两个词往往出于极端想法。你越是极端，越是容易感觉到负面情绪，包括沮丧、焦虑、羞愧和愤怒。尤其是你用这种态度来评估自己的时候。这种想法会导致如"如果我不完美，我就是个失败的人"这样的自我批判。

这种非黑即白的想法阻碍了我们用同情的眼光看待问题。它让我们变得不愿意接受真实的自己，忘记自己比某个单独的行为重要得多。

极端想法往往起源于焦虑和反复无常。我们觉得需要了解自己的感受，却很快地给感受贴上标签，并忽视了那些让感受显得与众不同的细节。把事情想得绝对化能让我们的生活变得简单。承认生活是复杂的也许会让人感到困惑。然而，这种思考方式没有考虑到生活的灰暗地带、情况的复杂或根本无规律可循。全局思维会让我们忽视那些关于内心感受及生活的细节。

因极端想法产生的期待会在任何关系中诱发不满与愤怒，特别是在亲密、重要的关系中，它们极具杀伤力。"你这么做就是不爱我"，这种想法没有考虑到现实中的恋爱关系状况。很不幸，那些真正爱我们的人也会伤害我们，让我们失望。

保持以下的想法能让你对抗自己的极端想法。

1. 聪明的人也会做蠢事。

2. 就算你很爱一个人，偶尔也会生他的气。

3. 即使那些在乎你、希望你一切安好的人，也会忽视你的感受。

4. 生活有些方面是一帆风顺的，但有些却不容乐观。

5. 现在遇到的挑战在将来也许是机遇。

6. 事情都会有积极和消极的影响。

极端想法造成愤怒的方式有很多种。我们试图用方或圆来给自己的感受分类，但却发现它们不属于任意一边。这时候，愤怒和挫败感就产生了。

以偏概全。有时候我们会放大事件中的一个负面的点，以对它的观点来看待整件事情。比如，在素描时我们一画错，就马上认为自己是个差劲的艺术家。或者，我们只是看到某人的行为就给他/她这个人下定论，断言他/她在其他场合会有这样那样的表现。伯恩斯认为，这种思维方式经常会让人变得沮丧，同时它也能让我们更容易愤怒。

以偏概全意味着通过极少的信息做出整体的结论。训练健康愤怒时，我们要当心过去的经历过度影响现在的设想。当我们过于笼统地概括某些事时，就容易产生下意识评估。

宝芬妮是我一门课的参与者，很快地断定她的丈夫南森对她很愤怒，"他总是大声地跟我说话。"她说。宝芬妮的家人很少谈论情绪，只有在愤怒时才会大声说话，表现出威胁。而南森的家人一直都是扯着嗓子说话，而且很容易情绪化。

另一位参加者，贾马尔，对自己的女友非常生气，他告诉我："她每次回家很晚我都会想到最糟糕的情况。我想象她不跟我在一起时会更开心，有时候，我认为她根本不想回家。"这种想法源于不信任。在评估别人的行为时，尤其是自己的至爱，产生这种想法可能是因为自卑和孩童逻辑。

我常常碰到一些青少年会说类似的话："我弹这首曲子总是有问题，我不应该学吉他的。"因为他们犯了错，就觉得自己永远也学不好吉他这样以偏概全的想法，让他们明显变得失望和愤怒。

　　第一个例子里，宝芬妮的孩童逻辑经常让她认为丈夫大声讲话是有侵略性的。这种情况下，她的孩童逻辑开始保护她。这可能适用于她之前的家庭，但并不适合现在的婚姻。

　　第二个例子展示了贾马尔以偏概全地认为女友不再爱他。因为他觉得自己不值得被爱，所以断定女友跟他有同样的感觉。

　　第三种情况，很多青少年很容易以偏概全，因为他们觉得自己应该没有弱点。这种以偏概全的想法可能来源于他们浮夸的孩童逻辑。他们认为学什么都应该很快，不应该受到挫折。

　　感情用事。这种认知歪曲容易引起："我感受到这一点了，所以它就是真的。"从某种程度上说，我们的孩童逻辑让我们的想法变得感情用事。比如："我觉得愤怒，那么我就应该愤怒。""我觉得伴侣背叛了我，那么她就是背叛了我。"或者"我觉得被贬低了，那么他真的贬低了我。"

　　感情用事让我们看不到与自己的感受完全相反的事实。这种精神缺失会让我们有愤怒的倾向。

　　"本该"理论。如第八章所描述的，对自己或别人总想着"本该如何"体现了你对内心期望的忠诚度。你用这种想法去评估自己和他人的想法、感受和行为。

　　事实上，"本该"理论下产生的期望会让我们容易愤怒。而且每个人的表现不同。面对生活的挑战时，我们每个人的处理方式都是独一无二的。我们有自己的喜好。因为无法看到超出我们视野范围外的景象，所以常常对别人产生了错误的判断。有意无意之中，这些顽固的思维模式影响了我们对他人及自己的评估。它们让我们感觉到威胁和负面情绪，而这两者都是愤怒的元凶。

对内化。你很容易将负面事情的产生归罪于自己，即使并不是你的责任。这种倾向容易让你对自己或他人产生愤怒。这又是一个缺少自我同情的例子。

其他对期望和评估有负面影响的态度

除了伯恩斯提到的认知歪曲的例子，还有其他一些想法会对期望和评估产生影响。有些可能跟着上述的态度一并出现，其他一些则反映了更笼统的思维方式。

完美主义。太过固执地期望完美在很大程度上具有破坏力，但有时候它们又是有益的。比如，考试追求完美能获得高分，演奏乐器追求完美能产生动人的音乐，或者可以让高尔夫球一杆进洞。当我们在学习或提升某一项技能时，经过不懈努力后成功，给我们带来了满足感。它让我们觉得快乐。

健康完美主义意味着给自己设定了高标准，但你要明白在生活中处处完美是不现实的。它可以让我们在面对挑战时坚持不懈，或者集中注意力，尽力做到最好。健康完美主义能够推动我们跳出自己的舒适区，用尽全力达成目标。它常常会涉及竞争，将过去的表现和现在的目标进行比较。

失败的时候，健康完美主义会让我们变得自我同情。相对于自我批判，这种自我同情帮助我们认清面临的障碍并思考下一次该如何应对。它还能帮助我们辨别自己的目标是否真实可行。

失败时当然会感到失望和受挫，还可能产生低程度的愤怒。这种反应很轻微，当然，是与非健康完美主义导致的愤怒相比而言。

试图补偿不足感会导致非健康完美主义。这可能会让你想要避开批判、拒绝或羞愧带来的威胁感。最终，我们变得想要从不适感中逃脱，而不是争取完成目标。

当在追求完美的道路上遇到阻碍时，有些人会产生强烈的焦虑。当担心成为失败者甚至什么也成为不了时，这种完美主义会增强我们的自尊心。我们会将一切不完美视为对自尊及自我价值的威胁。我们会出现下意识的消极评估，最终导致愤怒的爆发，尤其是对我们自己。

在没有达到目标时，比如学习一项新技能、做运动，或者开始新的职业生涯，我们会对自己感到气愤。如果我们定的期望过高，这些感受就会随之提升。有些人从不做努力；而有些人则被完美主义控制，丧失了追求目标的斗志；其他一些人则在感到稍有不足时立即放弃；还有些人在离成功还差最后一步时放弃。有一些完美主义者热衷于对要求他人完美。

我有一个客户的姐姐在高中游泳队中小有成就。有一次她与她姐姐比赛并且赢了姐姐。她姐姐觉得很有挫败感，在第二天退出了游泳队并发誓永生不再游泳。她的决定反映出了她对期望落空的愤怒。这个决定基于她对自己的严苛，她无法接受自己不是最棒的。

我需要是"对的"。当我们对一件事的看法正确时我们会自我感觉良好。自己是"对的"能够很好地证明自己。它让我们觉得自己被接受并且增强了我们的自信心。我们会对自己所说的、所做的、所知道的表示赞同。

　　但是，当感受迫使我们是"对的"时，对我们产生的影响截然不同。这种需求变成了一种困扰，它让我们产生不切实际的期待和评估。我们耗费大量的时间和精力希望在别人或自己眼里，自己是"对的"。

　　因为害怕犯错，迫使我们需要"正确"。这句话可能看起来很多余，但不易察觉的是因为犯错产生的强烈的负面感受。当我们的错误激发了对"对的"的渴望时，我们就会想要避免羞愧感、被拒感、不足感或者失败感和脆弱感。这对我们来说是非常大的阻碍。它总是让我们变得更有自我意识，变得回避和自我批判。与完美主义类似，想要是"对的"也表达了对自己的严苛。

　　对权益的维护。有些人对权益的意识让他们容易愤怒。他们总是抱着不切实际的期望，觉得环境和其他人都应该对他们友善。他们总觉得自己是特别的，并希望别人也这么看待他们。抱这种想法的人认为自己不应该受挫。他们觉得自己的需求和渴望比别人更重要。正是对权益的追求让他们变得易怒。

　　很明显，孩童逻辑影响了我们的"维权意识"。这些自私的想法和态度减少了我们对他人的同情。它们也会让我们难以分清需求和渴望，让我们变得愤怒。

　　认为生活应该是公平的。坚信生活应该是公平的是大部分愤怒的缘由。孩童逻辑让我们看不见生活的不公平。不管我们是谁，在何处，总是会经历痛苦，但孩童逻辑让我们忽略了这个事实。

　　我们会遭受病痛、经济困难、迷茫感、人际纠纷和其他一些创伤性经历。而且有些人遭受的比其他人多得多。这就是人生。执迷地认为生活就应该是公平的只会导致痛苦和愤怒。正如拉比·哈罗德·库什纳（Rabbi Harold Kushner）所说，好人可能没有好报，而恶人也会有善果。①

比如，你觉得吃健康的食物、做运动、早睡就不会生病。然而这些行为只是能让你保持健康的概率更大一些而已，而不是绝对不生病。同理，你可能会觉得只要多积德行善，就能有好报，但事实上只是提高了这种可能性，但不能保证这一点。又或者，不管你信什么宗教，有多虔诚，还是会遭受痛苦。

渴望和真实需求的混淆。当我们认为自己的希望就是需求时，就会变得易怒。这让我们容易产生威胁及负面感受，包括受伤、失望和伤感。我们最基本的需求是那些维系生命的需求，比如食物、衣服及住所。还有一些与需求相近的欲望包括社交、金钱，以及上班最方便的交通工具。其他的一切不是渴望，就是需求。虽然它们可能能够提高我们的生活质量，但却不是必需的。不幸的是，很多人认为想要某样东西，发生某件事，某人应该怎么做是自己的需求。

我不是在暗示你放弃自己的渴望能实现更美好的人生。如前几章所说，大脑的某一部分会让你朝着这个方向发展。但是，你越是通过希望，而非需求来定义自己的幸福，在希望落空时，就越容易变得愤怒。

比如，想得到他人的肯定，与自己关心的人关系紧密是正常的。但很多人认为我们需要所有人的肯定和爱。这要归咎于不够自信、过强的依赖感和不安全感。我们可能会觉得自己需要每个人的尊重、钦佩和肯定，但其实我们不需要。无论对自己还是他人，每当你升起一

---

① 哈罗德·库什纳．我们该有多好？波士顿：布朗出版社．1997.9

种渴望、一种需求时，你正在固执地维护着自己期望中的"本该"。

活在某一个"时区"里，而不是活在当下。或许有时候，你的思维会漫步到不同的时刻。但哪一个"时区"最让你着迷？是过去、现在，还是将来？当你关注自己的身心意向时，注意去观察自己最迷恋的是哪个时间段。

集中注意力在未来会将你推向未来。给未来设定目标让我们的生活变得充实有意义。它为我们指明了方向，让我们有掌控感。但我们也很有可能集中了太多注意力在未来上，不管是接下来的几天、几周、几个月还是几年。我们是如此全身心投入在幻想将来的喜悦，以至于忘记去创造当下的幸福。对未来的害怕和担忧使我们在追求它时耗费了太多精力。

我们还会专注于过去。我们可以通过探索过去来帮助现在做出明智的选择。我们可能怀念过去曾经拥有过的积极的人际关系和经历。这样的缅怀能让我们觉得充实有满足感。同时我们也需要为过去的伤痛哀悼，以此来勉励自己前进，让自己获得幸福感。但是，过于沉浸在过去，会影响现在的生活。尤其是当过去的经历对我们造成伤害时，我们很容易看到现在生活中并不存在的威胁。

过度地生活在过去或未来，其实都是生活在自己的想象中。对未来的担忧和对过去的沉迷触发了焦虑和沮丧。它阻碍了我们活在现在，阻碍了我们享受当下的生活。

这一章重点讲述了关注容易引发愤怒的思维方式和态度。下一章会介绍一些练习帮助你观察、容忍和管理导致愤怒的情绪、感受和想法。

进一步思考

1. 你与自己的孩童逻辑关系如何？当你意识到自己的情绪影响了思维时，你觉得适应吗？当你发现这种情况，你会觉得尴尬吗？如果是，你会发现自我同情能帮助你处理这些反应。

2. 哪种意识歪曲影响了你的思维方式？你知道自己为什么会这样思考吗？

3. 你觉得自己追求完美的程度是多少？你是否只在某些方面是完美主义？如果你是个完美主义者，你觉得自己的健康成分和不健康成分的比例是怎样的？

4. "自己必须要是对的"这种想法在人际关系上给你造成了多大的困扰？你知道为什么会对自己有这样的期望吗？

5. 小时候，关于生活应该是公平的这个概念，你接收过哪些信息？

6. 你沉浸在过去或未来的程度是多少？如果你觉得自己很容易沉浸在过去或未来，试着找到那些转移你注意力的诱因。

第十一章　自我同情对健康愤怒的帮助

　　这一章的练习基于之前我们已经学习的内容，帮助你运用自我同情来处理愤怒的方方面面。最重要的一步就是，对受伤的自己表示同情。

　　如同情聚焦疗法的研究所述，自我同情通过与自己对话的方式表达。即针对受伤的自己，以自我同情的角度与自己对话。这种自我对话源于平静、有安全感的身心状态，它用与痛苦共处的方式来摆脱痛苦。

同情受伤的自己

愤怒及与愤怒关联的感受常常伴随着严重的身心不适。正念能够降低你的反应强度，而自我同情让你与痛苦产生共鸣。以下的练习能帮助你更快地通过自我同情来安抚愤怒时产生的痛苦。

练习: 对愤怒时的自己表示同情

首先，选取一次愤怒经历，完成一份愤怒日志。然后找一个你觉得舒适并不会被打扰的地方，慢慢闭上眼睛，进行几分钟的正念式呼吸。

然后，进行第五章那个能让你产生最强烈自我同情的练习。与此时的自己共处几分钟。

想象有另一个你坐在几尺远的地方，这个你充满了威胁感，一身怒气。

同时这个你可能会觉得伤心、被忽视、被拒绝、羞愧或者有着其他一些因愤怒引发的负面感受。想象一个现在或过去版本的你，看着自己的照片可能会有帮助。

现在，想象自己正在经历愤怒日志上诱因事件导致的情感伤痛。就这样坐着并观察自己。记录表现出痛苦的面部表情、姿势和行为。想象自己正在说:"我感受到了愤怒和其他负面感觉。"

你现在唯一要做的事就是将同情对准受伤的自己。用下列方法来表达自己的同情:

1.用语言。

· 我坐在这里陪你一起面对愤怒

· 我坐在这里陪你一起面对痛苦

· 这是你现在的感受

· 再坚持一下

· 我知道这并不舒服

· 现在我们不需要有所行动

· 我知道你能做到

· 我在这里

· 你可能觉得你应付不了，但我会帮你

· 我不会离开你

· 我就坐在这里陪你

2.用面部表情。想象对受伤的自己做出表示温暖和真正同情的表情。

3.眼神交流。眼神交流能让我们与别人产生真正的互动。想象与受伤的自己对视。

4.运用姿势。想象身体前倾，靠近并注意受伤的自己。

5.进行肢体接触。想象自己以同情的方式与受伤的自己进行肢体接触。比如，你可以想象把手放在受伤的自己头上或肩膀上，或者只是握着他／她的手。

这个练习能帮你分离出自己同情的部分和受伤的部分。我们只是观察自己的愤怒，与之共处，而没有试图去修复它。它能帮助你容忍并宽慰自己的内心感受。

对想法的自我同情

健康愤怒表示意识到并接受我们的情绪性大脑会影响和扭曲我们的期望和评估。带着同情去观察和回应自己的期望和评估，能够让我们在它们刚形成时就发现它们。

以下观点表现了对受伤的自己产生的扭曲或不切实际的期望和评估表示同情。这些观点能让你能够接受自己的期望和评估。明白有这些反应是正常的，它们能给你提供独特的体验。

鉴于你的过去，当然你会这么想　　这正是情绪性大脑该产生的反应

有道理　　这也是我现在在想的

它又出现了　　别人也是这么做的

当你想要放弃某些特定期望时，你会发现以下的自我同情方式非常奏效。

如果这是真的

真是那样就太好了

生活（他 / 她，这件事，这个世界）并非我所希望的那样，这让我感到不幸、失望和伤心

激发你的同情智慧

激发你的同情智慧（见第四章），然后回答以下关于自我评估的问题：

1. 你的评估有多准确？
2. 如果我产生的情绪与现在不同，那么我又会做出怎样的评估？
3. 对这件事我做出了哪些我毫无关系的评估？举例四种。
4. 如果我的评估是对的，我该怎么办？
5. 如果我的好朋友处在这种情况，我会怎么建议他／她？

对需求和渴望的自我同情

自我同情意味着当我们的渴望得不到满足时，能对自己产生共鸣和同情。当希望落空时，我们很自然地会觉得伤心和痛苦。对悲伤的自己表示同情，为自己未满足的渴望哀悼，是释放愤怒的一个重要部分。

以下是对受伤的自己有同情的回应：

我知道放弃自己的渴望让人难受　　我来帮助你得到自己的需求

我就在你身边，陪伴着你面对悲伤　　我会照顾好你

很不幸，有时候你会觉得自己的渴望　　我是来帮你渡过难关的

就是需求　　你真正的需求是什么

带着同情去接受现状

你可以用以下陈述来进行自我对话，带着同情去接受现状：

生活满是挑战，我已经尽了最大的努力

我现在所有的感受都是我该经历的

我能承受自己的感受并且做该做的事

我理解自己的愤怒

我接受自己的过去

你如果经常用自我同情的方式去回应愤怒日志上的经历与感受，就越能在真实生活中以相同的方式对待诱发事件。

自我同情的运用：一个小故事

以下的小故事证明了之前所说的自我同情方法，它展示了确认、共鸣和同情在愤怒中各自扮演的角色。

我在接待室里跟迪伦问好，从他的握手力度和面部肌肉的紧绷上意识到他的紧张。他走进我办公室的时候步伐缓慢而沉重，连他的"你好"里都有紧张的感觉。迪伦三十来岁，有一米八以上的个子，看起来很结实。他全身都好像充满了怨恨。

迪伦也是被公司要求来寻求愤怒管理咨询的。他叙述了一连串愤怒程度越来越高的事件，一件比一件糟糕。虽然这样的情况已经持续两年了，但最近的一次爆发让主管的耐心消磨殆尽。

迪伦有两个孩子，他的妻子本来是个家庭主妇，现在为了分担家里的经济问题开始找兼职工作。迪伦在现在公司的信息技术部门工作了七年，在这之前，他在一家小公司里工作，但公司突然倒闭了。

刚开始，迪伦对现在的工作很满意。但久而久之，他就变得极度不满。公司在招聘的时候隐瞒了经常出差这一点。现在，迪伦发现自己总是要出差。他觉得自己不受重视，并认为自己的工资太低了。之前，他经常大声地和主管以及同事说话。但最后一次，他不仅大声，还咒骂了主管，并突然站起来推翻了自己的椅子，重重地拍着主管的桌子。

这件事的诱发事件是主管的一份报告。这份报告显示迪伦的一个客人给了他差评。于是主管立马免除了他的职位，甚至都没有事先跟他讨论这件事。

经过几次练习，迪伦发现了很多增强愤怒的因素。最近的经历占了很大比重，他对被免职还是十分恼火，他觉得公司这么做是因为财务状况。上一个公司倒闭时迪伦和妻子的第一个孩子才一岁，正打算要下一个孩子，而且他们才买了一套新房子。

迪伦现在的主管在位两年了。他和迪伦的期望有很明显的不一致。通过自我反思和完成愤怒日志，迪伦提供了表 11.1 的愤怒原因。

最近，妻子想要重新工作却只是做兼职这件事增加了他的愤怒。他立马对这件事可能造成的经济负担变得担忧。

表 11.1　迪伦的愤怒日志

动力 ➡	期望 ➡	触发事件 ➡	评估 ➡	消极感受 ➡	愤怒强度（1~10）
渴望以诚相待、尊重、被重视、经济安全感、稳定	我的主管应该尊重我，对我诚实	他没有跟我讨论就做了决定	我不信任他。他不尊重我。我可能会失业。我会有更大的经济负担，我不应该做这份工作	背叛 不信任 焦虑 无礼 无助 受骗	10
身体反应：胸部和手臂的紧张感，身体发热，呼吸急促					
自我对话：我不能信任这个家伙。我应该辞职。我真的很想揍他。 我讨厌变得这么愤怒					
画面感：把主管桌上所有东西都摔在地上					
诱发事件前的事件和心情：曾经的背叛和欺骗以及之前公司倒闭的影响					

　　我先给迪伦展示了愤怒框架并帮助他练习了正念和自我同情。他根据自己的情况完成了愤怒日志，之后我帮助他做了以下自我同情的练习。

　　我让他训练对身体消极感受及愤怒的自我同情。对迪伦来说，训练自我同情他首先要认识到因愤怒产生的不适感和背叛、焦虑、无礼及无助感。同时，逐渐增强对自己的同情，他做了正念式呼吸，并降低了肌肉的紧张感。这些训练帮助他与愤怒共处。最终，对失业的担忧也逐渐消失了。

训练自我同情让迪伦意识到自己的感觉都是暂时的，无须做出回应。他意识到自己在用愤怒来转移过去的伤痛。同时他也明白了责备自己产生愤怒只会让愤怒、焦虑、负罪感及羞愧这些负面感受变得更强烈。

这之后，迪伦同情地对自己说："我知道你不舒服，但我在这里陪伴你。虽然你现在觉得紧张，觉得受伤，但我会帮你冷静下来。""我们能做到。你现在觉得愤怒和紧张，但我们可以与它们共处。"同时他通过冥想来放松自己。

对评估表示同情。作为自我同情的一部分，迪伦变得更关注自己的评估。他与那个伤心害怕的自己对话。避开评判，他尽量客观地陈述对主管和工作的评估：

想法：我不应该相信他。

能理解你会这么想。

他过去做的哪些事让你觉得他是可以信任的？

还有什么其他原因会让他免除你的职位？

在信任问题上，你还有什么其他的经历？

那个客户真正想要的是什么？

想法：他不尊重我。

能理解你会这么想。

他过去尊重你吗？

还有什么其他原因会让他不跟你讨论就免除你的职位?

可能是因为你们的期望不同导致了冲突。

想法:我可能会失业。

能理解你会这么想。

你过去的反馈如何?

真正失业的可能性有多大?

即使失业了,我也会陪伴你。

想法:我的经济压力会更大。

你关注这件事已经有一段时间了。

能理解这个想法是你的第一反应。

我可以做些事来缓解这种压力。

我可以找到能够缓解压力的方法。

想法:我不该做这份工作。

当你惊慌失措或受挫时就会有这种想法,所以这样想是有理由的。

你接受这份工作时是经过深思熟虑的。

不要被不存在的事情打败。

迪伦能够在产生下意识评估时做出选择,成为自己明智的主宰。

对期望的自我同情。通过不断对愤怒的各个组成部分表示同情,迪伦能够用以下的方式来回应受伤的自己:

期望落空会让人觉得失望

有时候即使不切实际，我们

还是会去追求某些期望

也许主管是因为其他的事有压力

其实，他本来就不是个非常诚实的人

人无完人

别人的表现都如你所愿，当然

会让你感觉更好。但是，他们

往往做自己觉得合适的事

也许你需要放弃一些期望

也许我不该过分地专注于自己的

期望

迪伦发现，改变或放弃某些期望时最需要自我同情。

对需求和渴望的自我同情。对迪伦来说，产生自我同情需要他激发自己的智慧，更好地理解自己的需求和渴望。他注意到，虽然财务问题无法满足自己的需求让他有了威胁感，但大部分的威胁感来自于渴望。区分这两者是迪伦自我同情的重要部分。思考如何处理自己的需求和渴望需要自我同情的智慧。

迪伦想要质问主管为什么没有跟他沟通就对他撤职。通过思考，他想起了类似的经历。他发现希望主管诚实这个期望很不现实。他还思考了将来对主管的诚实度应该有多大的期望。

另外，迪伦还意识到自己应该跟妻子谈一谈他对经济状况的担忧。他在金钱问题上对她的期望和感受并不公正。他们彼此双方都意识到需要对财务问题进行讨论。

留意"不同的自己"

迪伦的故事告诉了我们激起那个最有同情心的自己能帮助我们处理痛苦。同时也告诉我们，人有着许多个自我。每一个都有不同的动机。比如，有一个自己想要参与社交活动，而另一个自己却钟情于独处。同样地，有一个能认真专注地完成手头的任务，而另一个却只想着放松娱乐。

从某种意义上来说，真正地留意自己表现为留意哪一个自己最活跃。做正念练习时，你可以随意地创造和拓展自己的个性。那个善于观察的你能够留意自己的想法和感受，选择哪些可以保留，哪些需要摒弃。实际上，这正是你通过培养自我同情，决定自己想要如何生活的最佳时机。

慈心禅

慈心禅表示亲切，充满爱意，友好地与自己对话。莎伦·萨兹伯格（Sharon Salzberg），心灵冥想社会（Insight Meditation Society）的创始人之一，就用这种方法来培养自我同情和对他人的同情。[1] 以下的句

---

[1]　莎伦·萨兹伯格. 慈爱：幸福的艺术革命. 波士顿：香巴拉出版社 .2002. 39

子为同情聚焦训练和冥想的一部分：[1]

> 希望我能脱离险境
> 希望我能精神健康
> 希望我能身体健康
> 希望我能一生幸福

这种慈心可以在受伤时表达，也可以在其他时间。这种冥想旨在表达自己的友好，它来源于那个有同情心的自己。

一开始做这些冥想时你可能觉得尴尬或愚蠢，或者它们对你根本产生不了任何作用。但是，如同本章其他练习一样，通过反复训练才能持续帮助你从觉得自己应该自我同情转变为自我同情。

宽恕是对愤怒的同情式回应

宽恕是健康愤怒的一个重要部分，是我们帮助自己和缓解痛苦的方式。无论我们是在心中还是直接地说出了对某人的原谅，我们都在表达同情。选择宽恕，首先我们要培养宽恕，要愿意去原谅自己或他人。宽恕会影响我们的期望和评估，减少我们产生愤怒的可能性并帮助我们跨过这道坎。

---

[1] 吉莫 . 通往自我同情的小路 . 134

宽恕的意义和目的

通过宽恕，我们能逐渐地减少因希望或期望落空时产生的怨恨。它能战胜因过去的伤痛或过失产生的愤怒。它让我们明白我们无法阻止已经发生的事，那么就好好地接受它，与它告别。

宽恕并不是无视或淡化痛苦，也不是用理解痛苦来代替感受痛苦，更不是宽恕那些让我们痛苦的行为并且纵容它们继续。训练宽恕不是将自己置身于威胁而不顾，也不是和伤害我们的人和解，虽然它经常导致这样的情况。

受伤是生活的一部分，每个人都受过伤，有些人可能会伤得很严重。然而我们无法撤销被伤害，但宽恕能帮助我们脱离痛苦。

宽恕没有规定的时间框架，它是一个过程。可能只需要简单的反思就能达到，也有可能需要几个月或几年我们才能摆脱痛苦。有时候即使我们抱着宽恕之情，却还是认为某些行为是无法饶恕的。

宽恕的好处

培养宽恕能让我们从怨恨和报复心中解脱出来。它对我们的生活有着深远的影响。

· 宽恕能促进我们的心理健康，包括减少愤怒、焦虑、沮丧，能

让我们对生活更满意[1]

· 宽恕让我们更愿意信任和接触他人，让我们在与人相处时投入更多的感情

· 宽恕能让身体更健康 [2][3][4]

· 亲密关系中的宽恕能更好地解决冲突，提高满足感[5]

· 宽恕能增强情侣间的相互支持，并减少对失去和被抛弃的焦虑

· 宽恕能减少人类的痛苦

宽恕是自我同情的一种方式

我们与别人及世界和平共处的能力很大程度上取决于我们与自己和平共处的能力。

—— 一行禅师

宽恕是我们用来治愈伤口的行为，无论这种伤害来自于自己还是

---

[1] A.H.哈里斯，F.M.鲁斯金，S.V.班尼索维奇等. 宽恕，感知压力和特质愤怒中群体原谅介入的影响：随机试验. 临床心理学杂志.62（6）2006：715~733

[2] J.弗里德贝格，S.撒切德，D.雪洛夫. 宽恕对心血管活性和复苏的影响. 国际心理生理学杂志.65（2）2007：87~94

[3] J.W.卡尔森，F.J.基夫，V.葛雷等. 宽恕和慢性腰部疼痛：对宽恕对疼痛，愤怒和生理痛苦的作用的初步实验. 疼痛杂志.6（2005）：84~91

[4] M.A.惠特曼，D.C.拉塞尔，C.T.科依尔等. 宽恕介入对冠状动脉疾病患者的影响. 心理学和健康.24（1）2009：11~27

[5] S.布莱斯维特，E.萨尔白，F.D.芬切姆. 宽恕与关系满足：冥想原理. 家庭心理学杂志.25（2011）：551~559

他人。这是一种自我同情的方式。如若失去了自我宽恕，我们会对自己满是愤恨。愤恨会让我们变得自我厌恶，变得内疚和羞愧。

自我宽恕包括减少自我批评和严厉的评判，防止内疚和愤怒滋生并减少沮丧的想法。自我同情不代表拒绝为某件事负责，而是正确地看待它为人性弱点的一部分。这种宽恕源于我们的智慧，它提醒我们注意在未来做出更好的选择。

培养宽恕的大致方法

这本书中所有的练习都能够孕育宽恕。它们帮助你辨别痛苦，与痛苦相处，以及摆脱痛苦。也就是说，培养宽恕需要自我意识和正念。它要求你完全地探索和克服自己最严重的伤痛。

但通常，你无法摆脱伤痛会导致新的诱因事件。当存在潜在的诱因事件时，你的下意识评估会让你冲动地认为"又来了"。无论是在身体上还是心理上注意到这些经历，这个被过去影响的信息都值得引起注意。

特殊的宽恕训练

很多方法和顿悟都能帮你提高宽恕能力。

找到自己宽恕的底线。知道自己的宽恕底线会对你非常有帮助：知道自己的容忍度究竟是多少。在进行本章正式的训练前，完成 www. hearlandforgiveness.com 中的心灵宽恕量表，然后在训练过程中定期重新审视这份量表。

寻找愤怒日志中反应栏的规律。回顾在愤怒日志中你填写的反应。找出对某个渴望表现出敏感的规律或主题。你为什么会对过去的伤害做出这样的反应？也许你最大的渴望就是与别人的联系、被尊重、被认可、有安全感或者是觉得信任和公正。虽然我们很多人都有这样的渴望，但当你不断地遭遇痛苦或伤害时，这些渴望就会越来越强烈。它们可能会导致你不愿意去宽恕。

回顾自己的期望和评估。寻找评估的模式。你会发现你很容易觉得别人要伤害你，或者你会倾向于产生关于抛弃、背叛、拒绝的评估，即使这些都根本不存在。偶尔，当你对别人有这些想法时，你觉得别人也会对你有这样的动机。

回顾自己的负面感受。观察负面感受的产生模式和相关的威胁感。这些感受可能是需要来自于敏感源或源于伤人的事件。你可能会经常容易觉得焦虑、害怕、没有价值、自我怀疑、孤立和被拒绝。这些频繁或强烈的感受能帮助你计划更进一步地自我同情和宽恕。

将最严重的伤害记录在愤怒日志上

将最严重的伤害记录在愤怒日志上能帮助你清楚地发现情绪的复杂性，以及同时产生的想法，帮助你抚平伤痛。

给每一个伤害过你的人都填写一份愤怒日志。日志需要能够反映出导致伤害的一些显著的冲突或冲突模式。从造成伤害最轻的人开始，逐步递增到伤害最大的人。无论要花费几天、几周甚至更久，每次只处理一种伤害。注意描述一些显著的行为。

比如，在成长过程中，你哥哥总是让你觉得被贬低了。那么诱发事件很可能是这样表达的："他老是批评我，嘲讽我。"或者，你的父母总是缺少对你的情感关注，那么诱因可能是这样："他们没空讨论或帮助我理解自己的感情。"

明白自己从他们那里获得什么，明白自己对他们的期望，产生的评估及感受。这样做需要很大的勇气，而且要完整地描述自己的感受非常不容易。愤怒日志能清楚地表达你的不满，这是摆脱痛苦并释放宽恕的里程碑式进程。

记住宽恕的形成往往很缓慢，这个过程需要时间。你会发现与亲近的朋友、至爱或专业人士分享自己的经历会更有帮助。

对宽恕的自我探索

回答以下问题能帮你减少对那些给你造成最大伤害的人的怨恨。

1. 从现实来讲，我可不可以做些什么来改变他们的行为？如果可以，是在事件发生时我就知道这一点还是事后才醒悟？

2. 如果我当时做出了不同的反应，事后又怪罪自己，我现在该怎么原谅自己呢？

3. 我现在能做些什么来改变现状？

与痛苦共处并超越它

到目前为止，这本书所介绍的所有方法都能帮助你与痛苦和愤怒引发的不适感共处，并战胜它们。以下是对这些方法的总结，包括一些需要记住的要点：

1. 请记住痛苦是生活的一部分。

2. 我们要先承认和感受痛苦，才能治愈它。

3. 痛苦需要尽可能准确地被辨识出来。

4. 痛苦的强度会随时间逐渐降低。

当痛苦太过猛烈时

自我同情就是在愤怒产生时和产生后对自己的不适感的关注和留意。它也表示能意识到痛苦太过猛烈以至于无法与之共处。这里有些方法帮助你摆脱这种困扰：

1. 坐下进行正念式呼吸。

2. 做第六章中的身体放松训练。

3. 想象自己在一个安全舒适的空间。

4. 全身心地投入培养性活动，来转移自己的注意力。包括运动、看小说、投入在自己的爱好中、写作、听舒缓音乐、看电影或洗个澡。

5. 找出真正爱你和支持你的人。你可能想要听听他们的建议和鼓励。有时候你纯粹只是想和他们在一起，享受与他们交流的时刻。

6. 想象自己在不久的将来，以同情的眼光看待这件事。你会怎么跟自己解释这个场景？

7. 必要的时候寻找专业的咨询服务来处理自己的痛苦。这也是一种自我同情，它能为你的个案提供额外的帮助和解决方法。

悲伤及哀悼

悲伤和哀悼是我们摆脱愤怒后自我同情的主要内容。悲伤是对失落感，比如愤怒、害怕和伤心的全身心接纳。哀悼意味着去适应没有某人或某事的生活。在愤怒中，表示哀悼是与不切实际的期望告别，比如觉得我们不应生病或受苦的执念。它号召我们去注意何时应该放弃未满足的欲望或没达到的目标。这并不简单。它涵盖了现阶段对舒适的追求，也包括对期望落空的安抚。哀悼需要时间，它是健康愤怒的一个主要组成部分。这一章中的练习能帮你做到这一点。

本章为训练同情提供了多种方法。接下来的两个章节主要讲对别人的同情，这也对自我同情和健康愤怒非常重要。

进一步思考

1. 你有哪些期望来自于孩童逻辑？当这些期望受到威胁或无法实现时，找出几种能安抚你的自我同情反应。

2. 有哪些动机你觉得是需求，但反思过后，发现是欲望？请诚实地回答这个问题。

3. 注意那些以偏概全的评估。你会不会不思考原因，就形成自己的下意识反应？你为什么会这么做？

4. 能够意识到虽然别人能或不能帮助我们，但最终我们靠的还是自己。每个人都是自己最好的家长，我想有智慧并爱自己。问自己下列的问题，有些选自罗宾·葛萨姜（Robin Casarjian）的《宽恕》。①

a. 你是否想得到父母（或他人）无条件的爱？

b. 你自己有没有对他们付出无条件的爱？

c. 你希望得到他们的肯定吗？

d. 你像他们接纳你一样接纳他们吗？

e. 你想要从他们那里获得的东西你是否也能给予他们？

5. 训练愤怒的自我同时也包括留意对自己的批判。留意对自己严厉的时刻，在电脑或纸上记录下它们，然后用自我同情的想法重新思考。不断练习这样的替代性想法，并经常回顾自己的列表。

———————————

① 罗宾·葛萨姜. 宽恕：平静心灵的大胆选择. 纽约：班塔姆出版社.1992.84

6. 你可能会通过以下方法意识到可以用有同情心的想法代替现在的想法：

a. 当你的好朋友面临同样的问题时，你会怎么表达自己的同情？

b. 你认识的有同情心的人可能会怎么评价你的处境？

c. 你希望此时最有同情心、最有爱的父母对你说什么？

Part Three 第三部分

通过改变对愤怒的

反应来改善人际关系

第十二章　正念、自我同情和同情他人

对别人表示同情会点燃我们心中与自我同情相同的联系，以及温暖和安全感。其实同情他人也是一种自我同情。[1] 不同的人用不同的方式表达同情。有些人对每个人都是一样的，而有些人只同情孩子、老人或动物，还有些人则只对男人或只对女人有同情心。

不管你有没有意识到，我们都有评判谁更值得同情的标准。不知什么原因，有些人可能对有胃癌的人比对因过度吸烟而染上肺癌的人更有同情心；有些人认为"真正的"受害者比那些咎由自取导致痛苦

---

① P. 吉尔伯特. 同情聚焦理论介绍. 精神病学治疗的发展 .15（2009）：199~208

的人更值得同情。这种态度在艾滋病患者、艾滋病毒携带者和滥用药物者上尤为明显。这些评判标准更取决于行为而不是痛苦。这是与同情心对抗，而并非真实的同情。因为它蒙蔽了我们的双眼，让我们忘记了人无完人，人都有弱点。

和愤怒一样，我们对同情的释放也取决于我们的想法、感受和行为。因此，培养同情需要练习，需要耐心和专注。

很多人觉得对别人同情比对自己同情容易。有些人很容易变得同情是因为他们真心地接受了人性的弱点并且希望减轻这些弱点带来的痛苦。过度地想要表现友好、善良或自我牺牲会刺激同情的产生。有时候，同情是为了得到别人的认可。很多人通过别人的眼光甚至是上帝的视角来衡量自我价值。他们试图用同情来获取褒奖、回报甚至是救赎。

真正的同情是接受自己和他人，而不是让别人接受自己。要培养对别人的同情，我们要时刻牢记大家共有的人性。每个人都有自己的情绪、想法和感觉、习惯，但有些人，从某种程度上忽视了自己的习惯。同理，每个人都有让自己愤怒的敏感话题，都有对欲望和期望的蓝图，都想要安全感，想要与他人有联系，想要被满足。

对别人产生同情意味着留意别人的内心感受，而不对其做出评判。你需要知道他们内心的真实想法，而不是只看他们的表现。这就需要认真观察他们的言语、面部表情、语音语调，及他们真正想表达的内容。

同情别人需要关心别人的想法，并与他们交流互动。虽然某些情况下，行为会培养出同情，但大多数情况，正如心理学家克里斯托弗·吉莫所说："在心里改变与对方的关系是现实生活中与他人相处的第一步。"①

同情别人时会遇到的障碍

此时此刻你有什么感觉？你在想什么？你的身体有什么感受？在继续阅读前请先思考这些问题。

当你同情别人时你可能觉得温暖和满足，或者你觉得难受。也许你觉得你无法产生同情因为这是圣人或精神境界很高的人才能做到的事；又或者当你没有对他人表现出足够的同情时，你会觉得羞愧或内疚；你可能还会在想要表达同情时觉得受到威胁，害怕这样会让自己容易受伤。

在表达同情时你也许会遇到一些特殊的问题，比如以下这些（我会用例子来解释其中的几条）：

觉得自己应该同情别人和同情别人是不同的。注意自己同情的动机。注意这些同情是出于对赞赏或嘉奖的渴望还是发自内心的。与自我同情一样，在你觉得你需要同情别人之前，需要产生同情别人的渴望。

你可能觉得同情是一种有限的资源。韦德找我帮他处理自己的愤怒和轻微的沮丧。经过深思熟虑后，韦德意识到自己觉得同情别人会影响自己的需求和渴望的满足。他觉得好像分蛋糕一样，同情是有限的。事实上，当他表达同情时，他觉得自己被掏空了。

---

① 吉莫 . 通往自我同情的小路 .161

在过去的人际关系中，韦德忽视了自己的需求和渴望。他觉得自己不得不这么做。作为一个敏感的小孩，他过度地感受到父母的痛苦，觉得自己有义务减轻父母的痛苦甚至有时觉得是自己的原因。成年后，韦德的这种思维影响了他与别人的关系，从而导致了他的沮丧和愤怒。

你只熟悉自己眼中的别人。同情别人意味着要接受真正的对方而不是你想看到的对方。我们会倾向于关注别人的强项而忽视他们的痛苦。或者，当看见别人愤怒时，我们只看到了他们的行为而没有注意到他们真实的内心世界。

意识到别人正在遭受痛苦会让你感到不适。与痛苦共处的能力能帮助我们感知到别人的痛苦。但如果你试图躲避感知自己的痛苦，那么你会发现自己难以对别人产生同情。当别人遭遇痛苦时，你可能只会觉得他们应该更坚强一些，或者觉得他们太矫情。

这种情况经常出现在莎伦和爱德身上。这对夫妻前来寻求我的帮助。莎伦经常抱怨爱德对自己的痛苦漠不关心，特别是她的偏头痛。爱德有两个妹妹，其中一个妹妹童年时就患有癌症。小时候，他经常帮助她康复，虽然他表现得很有爱，但他也对妹妹产生了反感，他觉得她让自己蒙羞，他觉得从未有人注意到他自己的悲伤和痛苦。通过对过去的理解，爱德变得开始关注莎伦的痛苦。

同情别人会产生强烈的焦虑、挫败感，甚至是无助感。当我们试图缓解对方的痛苦却没有成功时，就可能触发愤怒。因为这会让我们觉得自己很无能。为了避免这种强烈的不适感，很多人选择淡化对别人的同情。

有时候，你觉得自己无法承受同情时产生的痛苦。与别人有同感和产生同情是两个概念。同情可能源于同感，但它高于同感，它表达出更多的关心，更明智，并且希望减轻别人的苦恼。这意味着即使你知道自己帮不上什么忙，但还是陪伴着对方。

我们生活在一个竞争的社会，这种竞争也包括好胜心和同情心的对抗。很多时候，社会过度强调了对权力、金钱和幸福的追求。当我们将追求这些目标作为自己的首要任务时，我们太过专注于获得成就，最终导致自己没有时间或兴趣培养同情。争强好胜会妨碍我们对真正的对手以及我们的至爱表示同情。我们渴望通过控制或支配他人来满足自我。如果愤怒对保持领先状态有利，我们甚至会用它来对抗对手。

想要解决这样的困扰，我们需要小心地选择自己的首要任务和想要的价值观。这就需要我们学会在同情别人的同时还能够追求自己的目标。我们要知道同情他人和自我同情并不相互排斥。

认为先消除愤怒才能表示同情。你可能觉得你不能对自己的愤怒对象表示同情。同情他人并不代表你不能再对他们生气，相反，它能提醒你在所有的人际交往中你都可以持同情的态度。

提升同情心来增强对他人的同情

这一章的每一个练习都呼吁关注并同情自己的痛苦，对安全感的渴望，对目标的追求和希望与他人有联系的渴望。这是你同情别人的基础，包括自己的伴侣、家人、朋友、同事、碰到的陌生人甚至是那些未曾谋面的人。

对他人的同情冥想

另一种在人际关系中同情别人的方法是进行对他人的同情冥想。佛学学者及从业者杰佛瑞·霍普金斯（Jeffrey Hopkins）表示，你首先会将同情对准朋友或至爱，然后是其他人，包括那些你不认识的人，最后是让你愤怒的人。[①] 他建议用几周的时间专注于这几类人。很明显，你最大的挑战是那些让你愤怒的人。试着找到产生的问题然后运用正念和自我同情来帮助自己渡过这一关。

练习：对他人产生同情

先进行正念式呼吸，然后唤醒你的同情心，包括与之相连的想象、想法、情绪和身体感受。

现在，想象一个你要同情的对象。

1. 明白这个人也是有弱点的。

2. 注意这个人也有对安全感、对于他人的联系、对满足感和幸福生活的渴望。

3. 注意这个人和我们所有人一样，也遭遇过生活中的不幸和痛苦，甚至有一些特殊的苦痛和困难难以战胜。

4. 注意这个人也会觉得受到威胁。

---

① J.霍普金斯.培养同情.纽约：百老汇出版社.2001.95

5.注意这个人积累很多年的习惯,有些连他/她自己都没有意识到。

6.注意这些想法的真实性,不要在意这个人的行为。

现在,继续幻想这个人,让自己的画面越真实越好,想一想下面这些富有同情的话:①

祝你平安

祝你生活一帆风顺

祝你拥有健康

祝你免受痛苦的折磨

与之前一样,留意那些阻碍你集中注意力的想法。尤其要注意刚才提到的障碍,它们会影响你的同情心。再一次用正念和同情的智慧去接受和克服这些障碍。

在我坐巴士去上班的路上,我选了一个路人来进行同情训练。我在脑子里设想了他的生活环境,他经历的幸福和痛苦。显然我无法得知关于他真实的情况,但每当这么做,我都能带着一种温暖和平静感下车。以这种方式唤醒自己的同情心让我留意到了最重要的事实:我们每天都带着自己的任务生活,当面对生活的挑战时,我们总是被过去的经历影响。所以在搭乘公共交通工具时,在商店排队时,或是堵车时,

---

① L.拉德纳.失传的同情艺术:在佛教和心理学中发现快乐.纽约:哈伯出版社.2004.153

正是训练对类似经历的同情的最佳时机。

练习：把他人视为孩子

很多人对孩子的期望远远小于大人。所以，有时候对小孩的同情心比大人的要多。你可能会对他们无法解决问题或无法照顾好自己产生共鸣。经常把他人视为孩子能让我们更容易对他们产生同情。

将对方视为小时候的他们，这个小孩对他们之后的成长产生了很大的影响。这种方法可以用在一般情况时，也可以用在你试图控制自己的愤怒时。这是一个积极有效的训练。它并不是在贬低别人，而是在唤醒你的保护欲，去探索对方行为之下的真实想法及对方的痛苦或愤怒的源泉，它证明了孩童逻辑会影响我们每一个人。

战胜批判思维

注意自己由别人的行为、长相，或仅仅是因为他们与你不同时产生的批判想法，尤其要注意愤怒产生的时刻。批判思维会让你忘记这个人也会遭受痛苦。

这种批判，就像消极愤怒一样，是另一种自我同情的扭曲。它常常会让我们觉得自己比别人更胜一筹。也或许只是一闪而过的批判念想，会让人变得自负。这种批判让我们忘记了自己的不完美、自己的瑕疵和缺点。这些都是我们共有的人性弱点。讽刺的是，当我们在大肆批判别人时常常觉得自己不属于人类。

如果因为别人与你的不同让你感到威胁时，你就会批判他们。这个时候，你会高度注意对方的长相、行为、态度甚至种族。当发生这种情况时，请留意自己的选择。当想表达同情时，你会选择注意与对方的相同点，而非他们的文化或长相。

练习：意识到同情他人会面临的挑战

培养对别人的同情需要留意自己对他们的批判性想法。回答以下问题能帮助你唤醒自己的同情心：

1. 对于我批判的地方，我有没有觉得受到威胁？如果有，是以何种方式感觉到的？

2. 我批判的特征或品质，是不是我自己也有，但不愿承认？

3. 哪些不计后果的习惯可能导致我容易批判别人？

4. 批判他人有什么坏处？

将愤怒框架作为同情他人的基础

正如愤怒框架可以帮助产生自我同情和自我意识一样，它也能成为你同情他人的基础。请记住，你遇到的每个人会受到自己的渴望、想法、感受和身体反应等内在感受的影响。他们也有自己的动机和期望。当面临威胁时，他们也会对其他人或周遭的事物快速地做出下意识评估。和你一样，他们也会遭受痛苦。

注意去推测别人的渴望，特别是那些你也有的渴望。对方的行为可能会吸引你的注意力，特别是当你在同情自己的愤怒对象时。

对他们的孩童逻辑表示同情。无论我们有多成功、多聪明，年龄有多大，我们有时候都会表现得像在操场上的小学生、茶水间的中学生或者教室里的高中生一样。幼年时这样那样的想法会影响我控制自己的情绪。这就是孩童逻辑的威力，尤其是在感受到威胁时。特别是在你觉得某人的想法或行为完全没有意义的时候，想一想这句话。

对他人的需求和期望表示同情。留意自己的需求和渴望对我们理解自己的愤怒很重要。但值得注意的是，我们要知道别人的需求和希望可能跟我们的不一样。听起来好像简单明了，但在你开始变得有批判性时，想要记住这一点变得非常困难。

对他人的评估及包括愤怒在内的负面情绪表示同情。想要同情他人，你需要记住，他们的行为和你一样会被评估方式及负面情绪影响。你要留意他人的敏感话题。请记得他们也会想要保护自己脆弱的地方。自我同情能帮助你了解自己的软肋，而同情他人能帮你意识到别人的软肋，这些软肋让他们看起来脆弱、有缺陷。

共鸣和关心：同情他人的主要方法

培养对他人的同情，你需要提升自己产生共鸣和表达关心的能力。

共鸣

如同与自己产生共鸣帮助我们意识到自己人性的弱点一样，与他人产生共鸣是识别他人弱点的关键。你需要辨别他们的感受并思考导致这种行为和想法的原因。共鸣会让我们注意到起初我们预期的想法。共鸣帮助我们与至爱、邻居和朋友相处。它也能让我们暂时地把自己当作书里、电影里、歌里的角色。共鸣能让我们情绪化地寄希望于这些角色，虽然我们跟他们完全不同。众所周知，好的电影或小说会让观众和读者与其中的角色产生共鸣，甚至与最大的反派角色产生共鸣。

与自己的感受相处时，你的恢复力越强，就越能与别人产生共鸣。培养共鸣，能让你快速地察觉对方的感受。以下练习能帮助你减少威胁感和消极愤怒。

练习：增加你与他人的共鸣

与对你重要的人，如朋友、家人、同事或邻居一起做以下练习。训练共鸣时先唤醒你的同情心。一步一步地对他们产生共鸣：

1. 观察对方的表现，包括面部表情和姿势。

2. 注意他／她讲话的内容和语气。

3. 对方的面部表情与这段对话有关吗？他／她的表现与谈话内容有关吗？

4. 你的观察让你对这个人的感觉发生了什么变化？

5. 以你对他／她的了解，你观察到他／她有什么感受？

6.现在，找出你对这个人与刚开始产生的不同感受。

7.提醒自己：对方现在的行为可能是受到了过去经历的影响。

通过理解他人的背景来增强共鸣

在我还是孩子的时候，我就对别人很好奇。我想知道他们的特征和那些让他们成为现在的自己的经历。在地铁上，或在炎热夏日的琼斯海滩（Jones Beach），我花了很多时间来观察别人。显然，这种好奇心是我之后选择工作的先兆。

虽然你可能不会以此为生，但关注他人的生活能增加你与他们的共鸣。就好像看电影、戏剧或小说一样，你需要知道这个人的故事背景，才能知道对方为什么会这么做。这能帮助你分析他人性格的成因，分析产生某种渴望和需求的根源，及这些根源对他们行为和感受的影响。

这种关注让我们注意到别人身上人性的弱点。我们透过直接的成像看清背后的事实。摆脱愤怒的一个主要方法是探索别人成为现在的自己的原因。它能加强理解一个人过去的经历是如何对他 / 她的想法、感受和行为产生影响的，通过这一点，我们能很清楚地明白，虽然我们很多人都渴望免受痛苦，渴望安全感，渴望幸福，但我们处理这些渴望的方式并不相同。寻找他人过去经历的细枝末节能让我们在对待他们时带有更多的同情心。

回答以下练习中的问题，猜测他人可能遭遇的经历，能帮你更好地理解对方。

练习：帮助你理解他人的问题

首先，选一个你喜欢的人作为回答的对象，然后选一个你不喜欢的人，最好是起过冲突或愤怒的人。

1.哪些欲望影响了这个人的行为和态度？（参考第七章的列表可以帮你拓展思维）

2.这个人的期望是什么，特别是被孩童逻辑影响的那部分？

3.这个人的哪些评估可能是因为最近的经历或你与他最近的互动产生的？

4.假设你要拍摄一部关于这个人的电影或写一本关于他／她的书。找到或者编造一些你觉得能帮助观众或读者对他／她产生共鸣或同情的背景故事。

5.在你回答这些问题时，觉得自己的身心有什么变化？

6.如果你想要减少他／她的痛苦，你对他／她的理解能起到怎样的帮助？

7.找出他／她身上你最不赞同的那些行为和态度。接着思考造成对方产生这些行为或态度的原因是什么。

增加同情

自我同情是对自己的遭遇感到怜惜，同情则是对别人的遭遇感到怜惜。同情会让你对别人的痛苦感到悲伤，想要帮助他们减轻痛苦。正如你可能会在产生共鸣上有障碍一样，同情也会面临挑战。同情会让我们表现得慈悲。同样，它不是让你否认、淡化或合理化自己的痛苦。

我的一位客户詹森，在一次课上告诉我，他前几天看到了一个流浪汉。这个人坐在人行道上双臂张开，拿着一个纸杯。这种场景对大都市人来说已经司空见惯。詹森说以前他会转过头去。他发现自己的下意识反应是："这个人肯定把所有钱都用来喝酒了。"这种心理已经出现过许多次。他还意识到自己产生这种念头是因为自己的父亲常年酗酒。但现在詹森有了变化。当他看到流浪汉时，总是会给他们一些生活用品或钱财。他说当他朋友问他为什么总是给乞丐钱或食物时，他回答这样做让他觉得舒服，而且自己负担得起。

这个事件证明了詹森先是从思想上起了变化，之后才是行为。他意识到每天自己都有很多机会在想法、感受和行为上展示同情。

这一章帮助你在想法和感受上对别人变得更慈悲。下一章的练习会帮助你在行为上变得慈悲。

进一步思考

1. 你觉得对别人表示慈悲最大的障碍是什么？

2. 你的照看者在你小时候有没有表现出对别人的同情？试着找出父母、亲人、朋友、邻居、老师、社会或宗教及其他任何可能对你产生影响的人或事。

3. 同情别人和自我同情是相辅相成的。如果你练习了这本书的方法，现在可能是再次完成克里斯汀·聂夫（Kristin Neff）的自我同情清单 http：//self-compassion.org/ 的最好时机。

4. 用愤怒框架来理解别人的愤怒，特别是诱发愤怒的负面情绪。试着去找出他们可能有的经历。他们可能为了战胜破坏性愤怒做了哪些努力？

5. 在一周里，注意每天自己对别人的批判性想法。通过正念冥想来思考自己为什么想要批判别人。想想你的批判是不是为了逃避处理自己的问题。

6. 接下来的一周，不仅仅是注意自己的批判性想法，同时用同情心来代替它们。

第十三章　自我同情与同情别人的表现

　　想要变得有同情心是一回事，真正地做到同情又是一回事。对同情的正念冥想能有效地让我们的想法变得富有同情心，但表现出同情更有意义。态度和行为都能展示出自我同情，它们让我们在帮助他人时得到与外界的联系感和安全感。同情对培养健康愤怒至关重要。阅读这一章节，思考什么能有效帮助你同情他人。

主张式交流

主张式交流表示承认我们的需求和渴望，告诉别人他们的行为对我们产生了哪些影响，并希望对方对此做出反馈。它能让别人更好地了解我们。无论是对至爱、朋友、同事，或日常生活中遇到的其他人，主张式交流同时体现了自我同情与同情他人，并帮助你培养健康愤怒。

主张式交流需要你留意自己的需求、渴望和感受，你要用一种有意义的方式与他人联系。到目前为止大部分练习都在帮助你加深与自己的联系。本章的练习能帮你与他人建立更真实可靠的关系。

为主张式交流做准备

假设你有一段对别人愤怒的经历，并且已经通过填写愤怒日志对它有了更好的理解，并且你已经知道自己需要处理哪些想法和感受。在与别人分享自己的观点之前，回答以下问题能让你有所启发：

1. 与别人分享我的想法和感受有什么好处？其实不一定需要与别人分享，也不一定都有好处。比如，你可能只想跟关系亲密的人分享，或者通过深思熟虑，你觉得没有必要跟任何人分享。

2. 我希望在交流中得到什么？你可能希望通过交流，对方能更注意他们对你的影响；或者，你只是想在亲近的人面前展示真实的自己。

留意因想要减少或否定自己的过错而进行的交流。

3. 我预期从中获取什么好处？学会分辨你希望得到什么和你预期能得到什么。不切实际的预期会引发愤怒。当你主张或者劝阻别人改变他们的行为时，请忠于自己。有时候你可能并没有期望别人做出改变，只是被自己的主张过度操控而已。

4. 我选择的时机是不是合适？最好的时机是自己完全冷静下来，而且别人也足够冷静地来倾听你的想法时。这样才能提高对方理解你的概率。

主张式交流的模板

以下的主张式交流模板可能是对别人表达自己的想法和感受最坦诚、最没有威胁感的方式。[1] 主张式交流表现出一种亲密的关系，能够让我们在人际交往中深入讨论自己的渴望。要注意的是，在私人关系中表达自己的想法和感受可能很有帮助，但在工作中却不一定合适（在这一章的后半段我会详细阐述这一点）。以下的方法能够帮助你表达自己的愤怒。

1. 用一段积极的表述开启话题。用一个真诚和有关联的话题作为开始，这个话题最好能显示你们关系的积极面。最理想的是具体到特定的事。

---

① R. 阿尔伯蒂，M. 埃蒙斯. 你的权利：生活和关系中的平等与自信. 第九版. 阿塔斯卡德诺. 影响出版社. 2008

比如："我真的珍惜和喜欢与你在一起的时光，一起去吃饭，看音乐剧，或者只是在家里闲着。"

2. 提到某种明显的表现。接着开始谈论对方的某种表现对你产生的影响。这不是一种评判，而是客观地陈述对方的行为对你的影响。指出某个特定的明显的行为，而不是针对他／她这个人。分享那些让你愤怒的主要负面感受："当你（特定的明显的行为）时，我感到（产生愤怒的负面感受）。"

比如："当你总是在最后关头取消我们的计划时，我感到失望和不受尊重。"

3. 分享引发愤怒的负面感受。"当我感到（产生愤怒的负面感受）时，我变得（愤怒、生气、不高兴等）。"这句话表达了你愤怒的原因。仔细考虑这一点。有些人视"愤怒"这个词为一种威胁，觉得它有侵略性或有背弃感。一开始，你可能想说："非常恼火"或"极度气愤"。但渐渐地选择用"愤怒"这个词来表达，让对方明白这只是一种感受。

比如："当我觉得失望或没有被尊重时，我会觉得生气。"

4. 知道下一次自己希望出现怎样的情况。最后的陈述是一种请求。这样表达，能将威胁感降到最低。这看起来像是一种商量："下次，如果你能（理想的行为），就太好了。"

比如："下次，如果你做不到前能先告诉我，就最好了。"

有时候，你的交谈对象会很快地接受你的请求。他／她之后会对你的需求和渴望更关注。但主张式交流不一定都能让你得到自己想要的。有些人极度敏感，即使你只是轻微地提到负面感受，他们还是觉得自我价值受到了挑战；或者他们会将你的反馈视为一种背叛、拒绝或情感上的抛弃，从而产生威胁感。

那些极度容易觉得被羞辱、内疚，或者有极端思维的人会因为这段谈话而变得盛怒。如果发生这样的情况，请继续保持积极的想法。强调自己的感受和反应只是针对某个行为，而不是他 / 她这个人。告诉他们你只是想增进彼此的关系而不是贬低他们。

很有可能这个人会愤怒地回复："我才不在乎你的感受！"如果对方真的太过愤怒而无法听进你的话，你可能会想要寻找另一个时机跟他 / 她进行交流。但如果不管何时你提到自己的感受和想法时，对方都是这样的表现，那么你们的关系可能有更严重的问题，而不仅仅是简单的交流能解决的。这种情况需要你做进一步的自我反省，或者寻求专业人士的帮助。

主观式交流、侵略式交流和被动式交流的区别

以下的方法能帮助你了解主观式交流、侵略式交流和被动式交流的区别。

主观式交流
· 通过表达自己的内心感受来阐述某件事对你的影响
· 客观地谈论这件事而不是试图责怪或羞辱对你造成痛苦的人

·证明自己是想展开讨论而不是扼杀或结束话题

侵略式交流

·可能是一场权利的争夺，强调你是对的，而对方是错的

·评判和贬低对方这个人，而不是针对他 / 她的行为

·贬低对方的智力、能力、常识或个人特点

·表现出不尊重，侵犯对方的权利，增强对方的威胁感

·为了避免愤怒，不友好地结束对话

消极或被动式交流

·缺乏自我同情

·表达自己想法和感受时与真实情感有出入

·觉得在关系中不平等，更容易愤怒

·淡化或否定自己最重要的渴望、感受或想法

·让别人觉得你好说话，没必要注意你的需要或渴望

变得有主张表示更自信。它在人际关系中，特别是亲密关系里对培养健康愤怒尤为重要。

在亲密关系中培养正念和同情

在恋爱关系中，情侣双方都会表现出独一无二的个人特征。而过

去的经历，会影响他们心目中的期待，他们希望对方对自己的需求和渴望的反馈与自己心里所想相吻合。很多人保持着自己旧的习惯，在伴侣表现出威胁，或无视他们的需求和渴望时，他们对愤怒的处理也与过去相同。即使是最恩爱的情侣也偶尔会起冲突，对对方表示愤怒。当一方或双方都有愤怒的倾向时，这种冲突就会引起极大的不和。

制定条款

即使在紧张气氛下，训练正念和对关系的同情也能帮助情侣建立安全感和联系感。事先达成关于处理愤怒的协议体现了彼此双方对感情的投入。

首先你要记住，盛怒时最不适合争辩。这个观点贯穿全文，因为此时你最容易向旧的愤怒习惯低头。在这些情况下，你过于关注自己的不满而没有真正去倾听伴侣的感受。以下的方法能够帮你处理这些冲突。这些方法基于正念、自我同情以及伴侣的同情。我建议你和伴侣讨论以下的条款并与他／她一同签署一份协议，来证明你们会遵守承诺。

1. 我们承诺会练习健康愤怒。健康愤怒是有效地处理恋爱中冲突和愤怒的基础。一方可能存在消极愤怒。情侣一同学习和锻炼正念、自我同情和这本书中所介绍的同情，有助于双方的共同利益。

2. 我们只有在心平气和时才能与对方讨论意见分歧，并且同意当某一方太过激动或感到威胁时停止讨论。注意自己在激动和平静时的舒适程度。事先约定，当任意一方感受到超过四级的不适感（将不适感从 1~10 划分，逐级递增）时，马上停止讨论。当你觉得某些话非说不可的时候，你们要停止争吵。记住讨论结束但你还处在愤怒中时，伴侣可能会觉得焦虑，请事先讨论这些问题。

3. 我们同意用某个词或某句话来作为停止继续讨论的标志。事先商定一个词，任何一方说出它时能马上结束讨论。说出这个词表示紧张感太过强烈，不适宜继续。选一个快乐或古怪的词，为紧张的状况增添一些轻松感。我认识的一对情侣选择的词为"雪崩"。他们都会滑雪，都知道斜坡上出现巨大声响时表示有危险。另一对情侣选择"小爪子"。他们都是爱狗者并且在童年时跟狗有着美好的回忆。还有对情侣选择"乌龟"。他们买了两只填充玩具乌龟，一只放在客厅一只放在厨房。有时候不需要说话，只要举起乌龟，对方就知道是时候结束对话了。

4. 理想情况下，我们会继续争吵前规划好的活动，或者需要独处。当同意搁置某个话题后，有些情侣还是会一起从事某个活动，比如看电影或出去吃饭。而其他一些情侣则选择独处。如果选择独处，我强烈建议你去另一个房间而不是离开家。这个时候外出会引发伴侣强烈的不安感，尤其是那些对被抛弃特别敏感的人。这样做传递出的信息是：你可能会在情况恶化时逃之夭夭。离开家是一时的愤怒，却会引发关于信任的敏感事件。

5. 如果问题未解决时我们就决定结束谈话，我们会寻找一个双方都心平气和的时候继续讨论。你可能在一小时后甚至几天后重新开始谈话。但彼此都需要承诺会继续解决问题。如果下次谈话时你的愤怒又被点燃了，停止对话，让自己冷静，然后再选择一个新的时间。未解决的冲突非常容易被重新被点燃。虽然它们可能不是针对同一话题，但很可能反映出了那些还未处理的潜在问题。无法讨论未解决的问题是这一条款的最大阻碍。

6. 我们会注意时间有限。经常，很多情侣跟我说他们从早吵到晚。你会发现虽然晚上八点开始争吵，但也能持续很多个小时。在早上八点重新开始这个话题，你会发现因为要上班，大家都会想快点结束冲突。我建议 30~40 分钟是讨论的上限。如果你在这个时间内成效并不显著，你可能会暂时表示同意或不同意，下一次再继续讨论。当你想要这么做时，选择其他方式来表达自己的渴望。

7. 我们不会在卧室争吵。避免在卧室争吵，尤其是夜里，在睡觉前。它会导致你在睡觉时或亲密接触时依旧保持着愤怒时的紧张感。你容易忘记早上说过的话。但晚睡会让第二天变得暴躁。最近的研究表明，如果夫妻间有一方睡眠不足，他们则更容易出现冲突，难以与对方产生共鸣。[1] 几年前，一些心理治疗师表示夫妻不应该带着怒气睡觉，这可以是你们的共同目标。然而，要知道，同意各自保留不同意见与一方停止争论、全身而退是不同的。

当你对伴侣产生愤怒时该如何处理

当你对伴侣产生愤怒时，你需要进行到目前为止所有关于自我同

---

① A. 戈登，S. 陈 . 睡眠对人际冲突的影响 . http://spp.sagepub.com/content/ear-ly/2013/05/13/1948550613488952.abstract.

情和同情的练习。以下的方法为你提供了进一步的帮助：

1. 停止，让身体冷静下来。停止正在做的事，唤醒自我同情，结束与自己身心的紧张共处。通过深呼吸及正念式呼吸，让身心尽量放松。是否能减少产生破坏性愤怒的倾向取决于你在面对诱发事件时保持镇静的能力。

2. 激发你的同情与自我同情。注意现在正在发生什么。当你和伴侣感觉到某种情绪上的伤痛或威胁时，就是该激发同情的时刻。你可以选择辨识和理解这种威胁或愤怒。

3. 留意自己和伴侣的需求和渴望。你的愤怒暗示着某些需求或渴望受到了威胁。试着找出它们。同样地，试着通过同情来猜测伴侣的哪些渴望受到了威胁。运用愤怒框架来更好地理解自己和伴侣。

4. 留意并同情那些导致愤怒的想法和负面感受。对伴侣的遭遇表示同情，留意自己在愤怒时产生的感受，同时激发同情心，像了解自己一般去了解伴侣的痛苦和感受。这个时候，你正表现出对伴侣的关心和共鸣。

5. 留意和同情自己和伴侣的期望和评估。辨别和评价自己的期望和评估。思考其他能减少愤怒的观点。尤其要注意不切实际的期望或下意识评估。唤醒自己的同情智慧来帮助你辨别伴侣的期望和评估。

6. 放慢语速，压低声音。做到这一点需要不断地训练，但缓慢、低声地说话的确是保持镇静的好方法。记住，情绪是会传染的。表现出愤怒只会让伴侣觉得受到威胁，而你的镇静也能帮助他们减少威胁感。

7. 练习视像化。运用同情来想象伴侣过去或现在遭受的痛苦。这样做能帮助你变得有同情心并且意识到孩童逻辑可能是伴侣做出这样行为的主要原因。

在冲突和愤怒产生时如何平息伴侣的怒火

这些方法能帮助你在产生冲突时减轻伴侣的愤怒。它们也为上面的方法做出补充支持。

1. 增加眼神交流。对着整个房间甚至整个房子咆哮能让愤怒变得更久。冷静下来时，眼神交流能增强人与人之间的联系。这是一种无声的交流，"看着我，虽然我对你发火，但我还是那个爱你的我。"

2. 坐在一张舒适的椅子上。站立会让人变得更激动，坐下能帮助你变得放松。建议你和伴侣坐在家里最舒服的沙发或椅子上。

3. 同情地接受伴侣的愤怒和负面感受。说"我知道你很愤怒"，表明了对愤怒的确认。虽然在察觉伴侣愤怒时的情绪后，开始同情对方，但只在心里思考比说出来更好一些。比如，你可能会说："我没有读心术，可能你觉得受伤，被冷落或失望。我们能谈一谈吗？"

4. 保持安静并倾听。愤怒要耗费能量，一般10~15分钟后你的伴侣就会感到疲惫并会缓和下来。如果你依然冷静，保持安静并倾听能帮助他／她减少愤怒。诚恳地倾听他／她的诉说能让你读懂他／她内心的感受。让他／她觉得你在倾听，不只是通过你的语言，还包括你的面部表情和肢体语言。确保自己通过伴侣的整体来观察他的感受，而不是某句话。

5. 部分同意。达成一致是所有成功谈判的主要原则。相对于分歧，在达成某种共识时你和伴侣都会觉得有成就感。共识能培育联系感，培养共鸣，减少威胁。控诉你"总是"或"永远"做某事是共识的最大敌人。这种笼统的表述更容易被认为是对个人的批判而不是某个行为。这样做只会增强对方的愤怒。部分共识是对这种情况的回应之一。假设你的伴侣说："你真愚蠢。"你可以这样回应："有时候我的确会做蠢事。"或者，你的伴侣称："你永远记不住我说的话！"你可以说："我有时候的确有些健忘。"但这并不是转移伴侣注意力到整体上的好时机。虽然，这样做在之后谈论整体的感情关系时能有帮助，但不适用于针对某一事件的讨论。

6. 承认自己也是导致现状的元凶之一。承认这次冲突的产生与自己有关，或许是太快地下结论或者有不切实际的期望，展示出你想要交流的意愿。这样做能让你开启一段开诚布公的谈话，并减少你的攻击性和戒备心。

7. 焦点定格，或者暂时不去考虑过去。焦点定格表示只专注于现在的状况。

比如，你的伴侣可能会说："上个月我们跟劳尔和玛丽吃饭时你也是这样，六月份的时候……记得吗？我们看戏的时候你还让我等了一个小时！"

表现焦点定格的回应可能是："很明显，你还对之前的事耿耿于怀，我们需要讨论这些事，但我一次只能专注于一件事。我们能不能只讨论刚才那件事？"

当伴侣翻旧账时，就算没有崩溃，你也会觉得困惑。然而，这证明了他／她对之前的事仍然心存怨念。如果发生这种情况，你需要提醒自己伴侣可能很容易感到威胁。可能基于过去的情况他／她而想要自我保护，请倾听他／她的控诉并在将来的对话中解决这些问题。

8. 设定限制。对自己设定限制，它反映了自我同情和同情。尽管双方都试图平息现状，但可能因为太过激动或有威胁感而失败。

设定限制需要你说出之前条款中用于结束对话的那个关键词。可能你会说："我知道你很生气，我想要倾听你的感受，但我不应该被吼或者被咒骂。"或"我知道你很难受，但这就是我。你可能想要继续，但我觉得我说什么都没用。"

离开也是设限的一种方式，尤其是当你感到威胁的时候，主张式陈述你这么做的原因，然后离去。让你的伴侣知道你觉得继续谈话让自己不舒服，你想要在其他时间谈论这个话题。

9. 当你觉得生理上受到威胁时，请寻求帮助。练习自我同情的目的是做出明智的、对自己最有利的选择。而保护自己的身体安全是第一位的。在冲突情况下，当你的智慧告诉你需要离开并寻求帮助时，不要犹豫。

如果这些方法都不起作用，你将从伴侣及你们的关系了解更多。比如，你的伴侣可能无法平静下来并且拒绝停止对话。这种情况下，试着去了解他／她的感受。想要平息愤怒可能不是此时最关键的。因为你的失望和愤怒，伴侣可能产生了强烈的威胁感和焦虑感。展示出你的关心。表明虽然自己在控制愤怒，但无法再进一步讨论现在的话题。你需要问伴侣自己可以怎样帮助他／她平静下来。

记住，你只能控制自己的行为。你可能可以通过劝导、哄骗或商榷来减轻伴侣的愤怒，但要明白有时候你无法控制伴侣。

　　伴侣可能会因为之前章节所提到的原因继续保持愤怒。如果是这种情况，你需要询问："我能说些什么或做些什么让你不这么生气？"他/她的回答可能会让你受益匪浅。即使你是真心表示同情，你的伴侣也可能无法判断你能够怎样帮助他/她。他/她可能需要思考怎样才能平息自己的怒气。向伴侣保证你会冰释前嫌并做出改变。要记得只有伴侣自己才知道怎样可以平息自己的怒气。

分享你的愤怒日志来获得相互同情

　　分享已完成的愤怒日志能有效地促进交流、理解和对彼此的同情。它能建立足够的舒适度和信任感。

　　从告诉伴侣你所学到的培养健康愤怒的方法开始谈起。最好是建议他读这本书。鼓励他/她针对你们最近一次的冲突事件填写一份愤怒日志，然后相互分享你们的日志。

　　我发现这种方法对发展同情非常奏效，尤其是对那些真心想要一起解决愤怒管理问题的夫妻。阅读彼此的愤怒日志会让你们大受启发并且对对方的想法表示惊讶。双方都会对彼此受到的伤害有更深入的观察。这种分享能增强对彼此的了解，提升相互同情的能力。经常，双方都会对对方的期望表示惊讶，这可能是他们第一次知道有这些期望的存在。当这样被剖析出来时，有些期望明显不切实际。有时候，双方都无法辨认出对方的评估，甚至在猜测时完全错过了这些真实的评估。

通过这种方法，你会对激发自己或伴侣愤怒的需求和渴望变得敏感。分享自己最大的渴望反映出一种真正的亲密无间。你们会发现对方的独特。讨论双方的愤怒日志让增强你们对彼此的差异性变得包容和同情，也能让你们的关系变得更亲密。

无法满足对方的期望或无法辨识出对方的需求和渴望将导致冲突和失望。在这些方面的不一致会很快诱发威胁感，但它们也提供了商榷和妥协的机会。有时候，当意见不同无法解决时，产生的更多的是悲伤而非愤怒。

解决这些冲突需要给予伴侣更多的包容和同情，这也是这一章不断重复的话题。虽然在刚开始你会觉得不自然，但请把这个方法加到你的学习宝库中。

保持积极的心态

加强与伴侣的交流对减少他/她的威胁感来说至关重要。这需要你有较强的观察力。在心理学家芭芭拉·弗雷德里克森（Barbara Frederickson）最有影响力的著作《爱的升级版》（*Love 2.0*）中，她提出了积极共鸣（positivity resonance）的概念。[①] 她表示，这种爱是一种联系的瞬间，通过分享积极的情绪，通过最基础的身心层面表达理解

---

① 芭芭拉·弗雷德里克森.爱的升级版：在联系的瞬间创造幸福和健康.纽约：企鹅出版社.2013. 17

性的回应，并相互关心来表达爱意。她认为很多恋爱中都包含着这种瞬间。

爱恋关系的权威人物之一约翰·高特曼（John Gottman）认为，对感情的建立与维护维持了爱恋关系的稳定。[①]他相信夫妻进行以下训练能够让爱恋关系更持久，更幸福：

1. 了解对方：了解对方的动力、梦想、喜好等。

2. 留意对方的优点，保持对他／她的积极感受。

3. 经常相互交流想法和感受。

4. 做决定前让对方知晓。

5. 有主张地与对方交流。

6. 不要只看表象，试着去理解阻碍达成共识的想法和感受。

7. 扩大自己的分享范围：价值观、传统、目标和兴趣等。

在爱恋关系中建立真实的交流并减少威胁感需要真正地包容和同情对方。

在工作场所练习同情

在公司表现出同情会遇到特殊的挑战。工作时最需要以任务为中心。但经常这样做会与留意别人的感受起冲突。另外，工作场所有很

---

① 约翰·高特曼，N. 西尔弗 . 让婚姻幸福的 7 条准则 . 纽约：王冠出版社 .1999

多诱发威胁和愤怒的因素，包括：

· 对公平和赞誉的担忧

· 对工作和金钱的担忧

· 紧张的竞争中对鼓励和回报的渴望

· 对生产力的需求

· 截止日期

· 长时间工作

我们可能很难观察到公司同事的渴望、想法和感受，也很难察觉到他们行为背后的真正意图。丹尼尔·戈尔曼（Daniel Goleman）在他的畅销书《工作情商》（*Social Intelligence*）中提到，高情商的人能够察觉到别人的感受，尤其是在工作中。[①] 跨越环境和职位，共鸣和同情能帮助我们在公司与他人建立良好关系。对同事的同情表现为理解他们对安全感的需求，他们工作的动力，及他们对与他人联系的渴望。在团队合作、监督管理、商业洽谈或头脑风暴中，同情能让你们达成共同的目标，提高工作效率。

以下是帮助你在工作场所培养同情的方法：

1. 运用愤怒框架理解自己和别人的愤怒。针对工作中的一次愤怒事件填写一份愤怒日志。它能帮助你意识到自己在工作中的期望。尤其要注意复杂或冲突的期望。它们会影响你、主管、同事及下属的关

---

① 丹尼尔·戈尔曼. 工作情商. 纽约：班塔姆出版社.2006

注重点。

2. 运用主张式谈话，但不要强调感受。在个人关系中分享自己的感受很重要。但在工作中，讨论自己的期望和评估更有效。假设你的主管两个月后都没有完成你的半年评估表。这份表格是合同的一部分，你对他的这种拖延行为变得越来越愤怒。你非常明白，这份评估会影响工作的稳定、升职机会，甚至会影响你的养老金。所以你变得异常失望、焦虑和愤怒。相对于直接地表示出愤怒，更有效的表达方式为："我期待这份评估有一段时间了，我不知道自己的结果是什么。"如果你的主管回答："对不起，我会给你的。"你可以说："大概什么时候可以给我？"

3. 当你对别人产生愤怒时，注意你生气的行为对工作效益或团队的影响。假设你因为部门的一位同事迟到变得愤怒，而非针对个人，你可以说："因为你的迟到，别人需要放下手头的工作为你做掩护。"另一个例子："我觉得你说的让我们的头脑风暴陷入了僵局。"或者："你在会议上说的话伤害了同事们的士气。"

4. 取而代之的是表达自己的期望。然后询问他们是否能达到你的期望，并告诉他们无法达到期望可能产生的后果。

5. 注意自己期望的可行性。在公司里，我们很多的期望都来源于内心的渴望。有些人的期望是关于金钱或情绪，或迎接挑战和创造的机会。我们也会对公司、老板、同事对我们的态度有所期待。记住，有些期望可以满足，但有些可能会遇到阻碍，而有的或许永远无法满足。

即使你非常努力地工作，也可能永远无法得到你想要的职位。的确有些其他的原因可能会影响你的晋升，但你认为的原因中有些可能与之毫无关系。或者，你的公司突然宣布要与别的公司合并，你对工作稳定的渴望就受到了挑战；你可能会希望在公司拓宽自己的人脉，却发现公司文化不允许。

记住工作是自己选择的，这是避免伤害感的重要方法。觉得自己受到伤害是愤怒的主要导火索。坚定自己选择这份工作的原因，这么做并不是否认和淡化自己的不满，而是强调现状积极的一面。仔细思考自己对工作满意的一面是一种顾全大局的方法。当然，当你的不满多过工作的优点时，你可以考虑离开。

工作场所最近一直是一个坎。当它与你的期望产生冲突时，你需要有自愈的能力。自我同情和同情他人就是这种自愈能力的基础。

6. 用辨别私人生活的期望和评估的方法，辨别自己对工作的期望和评估。你在个人关系中的习惯也会对工作产生影响。比如你对竞争和权威的感受，过去的伤害和背叛，与兄弟姐妹的竞争，对男人和女人的态度。因为你每一天都与同事待在一起，所以工作场所常常是这些习惯宣泄的场地。

你可能有意识或无意识地被过去的一些人影响。这些影响的好坏取决于你们之前的关系。同样地，注意那些可能会反映出童年或家庭生活的期望。这些都可能成为你的敏感问题。

工作可能会阻碍你训练自我同情和同情他人，但练习这两者有助于发展健康愤怒和有效率的工作状态。

7. 对同事进行同情冥想。个人的欲望、期望和感受对交流、安全感、幸福感的渴望在工作时并不会停止。请记住这一点。训练对同事的同情冥想，提醒自己在与他们交流时表现出同情。

当发生冲突时，表现出同情和自我同情

如果我们有愤怒的倾向，很多交流会让我们有威胁感。出现这种情况经常是因为别人的行为没能满足我们的期望。冲突，顾名思义，就是一方觉得自己的权益受到另一方的损害或消极影响的过程。比如，在儿童教育观念上，你比伴侣更专制；或者你可能就运动、宗教或政治与朋友发生争论；又或者你跟邻居在灌木的高度上有冲突。你可能会跟同事，或者那些遇到的陌生人，比如收银员、服务生、快递员或者杂货店老板起冲突。

这些偶遇都给了你练习同情的机会。你有机会观察到别人行为和态度背后的渴望，包括他们潜在的威胁感。

练习同情他人需要保持专心致志，尤其是在冲突情况下。你可能会需要妥协，需要将大局的利益放在首位。以下为你提供了几条建议。

承认自己的错误

愿意承认自己的错误和缺点，能让我们减少威胁感。自我同情就能让我们做到这一点。

道歉能减少他人的威胁感，这需要同情与自我同情。我的客人有很多这样的例子。一位客人向邻居承认自己误会了她，另一个在交通事故中自觉地承担了责任，还有的在面对朋友的批评时诚恳地接受了。

用同情心来处理自己的感受，正确地表达自己在冲突中容易遇到的挑战。同时，注意自己人性的弱点。在著作《我为什么爱这些人》中，作者阿波·布兰森（Po Branson）探索了众多家庭冲突并分析了解决办法。[①] 他讲了这样一个例子。有一对夫妻因丈夫出轨离婚了。事后丈夫万分懊悔和沮丧。为了挽回妻子的芳心，他给她写信、打电话、买花，却依旧无法重新唤起她的爱。一整年里，他每周都替她修剪草坪。他不断地表示自己不会放弃这段感情、不会离去。付出最终得到了回报。在离婚一年后，他们又复婚了。的确，同情有很多种形式。

放弃权利

无论是在恋爱关系中还是面对陌生人，放弃权利是减少冲突的一种同情的方式。事实上，通过对上百对夫妻的研究，放弃权利比道歉更重要。[②] 放弃权利的行为包括以下这些，从最常见的开始：

· 表达自己的努力：用语言和行为来表达解决冲突的重要性

· 停止对抗性行为：注意自己的措辞，非言语性行为以及有侵略性的、不友好的举动

· 加强交流：不断地讲话

· 倾注感情

· 道歉

---

① 阿波·布兰森. 我为什么爱这些人. 纽约：蓝登书屋. 2005

② T. 古德里奇, 贝乐传媒. 夫妻想要的战斗：权力, 解决道歉. 贝乐研究. 2013年7月8日. www.baylor.edu/mediacommunications/news.php？action=story&story=131229

然而倾注感情可能不适合陌生人。以上每一种行为都能展示出在冲突时我们是如何运用同情与他人交流的。

运用愤怒框架的结构，你可能会先对自己的反应表示抱歉。然后，意识到自己的行为对对方的影响。以下是几个案例：

很抱歉我大声说话了。你说的是对的，我觉得被批判了。我并没有考虑你的需求，以后我会注意的。

很抱歉我那样批判你说的话，你不该遭受这样的攻击。以后我会注意自己的言辞。

对不起我没有先去接你。我没有考虑到你的感受，以后我会多倾听你的想法。

真正的道歉是承认自己的责任并且不责怪他人。它的目的是让情况好转并且与自己对他人造成的伤害、威胁或负面感受产生共鸣。我们需要更加注意自己的言行，有坚持不懈的决心，特别是在长久的关系里。

给予

唤醒你的同情心来展示同情。享受给予的时刻，可以是给别人金钱资助，可以是给福利院写支票，还可以是给别人你的赞赏。留意给予时的满足感和接受者的感谢。如果你要称赞某人时，请记得评价他们独特的品性，而不是外表。这样做能帮助别人定义自我价值，而不是长相。

给别人提供你觉得对他们有帮助的信息也是一种同情。给游客指路，给孩子建议，帮助自己的伴侣或者与同事交流，这些给予能让你感受到同情与自我同情。

对别人说鼓励的话。你一定知道听到这些话的感受。请记住，如果可能的话，鼓励者总是比劝阻者对别人更有帮助。

原谅也是一种给予，特别是当你说出它的时候。当你接受了别人的道歉，你其实也帮助对方缓解了自己的痛苦。原谅涉及思想上和行为上的同情和自我同情的许多方面。如第十二章所述，原谅能帮助你培养自我同情的模式，让你摆脱怨恨。

避免过度指责

前一章讨论了注意自己对别人和自己的批判性想法。它能帮助你理解自己受指责的原因。以下的问题对你会有帮助：

1. 你指责别人的目的是什么？

2. 是否因在某种程度上感觉受到威胁你才变得批判？

3. 你的批判是否跟未处理的愤怒、失望或挫败感有关？

4. 指责别人会不会让你变得自我感觉良好？

5. 你是否会因为对某人动怒而无意地指责了对方？

6. 为了不让自己变得太过批判，你会如何重新组织自己的评论或想法？

7. 为了避免表现得批判，你会如何改变自己的非语言行为？比如你的声调、面部表情或姿势。

回答完这些问题后，你可能会决定停止指责，甚至想要道歉。

抓住每一个机会练习同情

我们每天都有数不尽的机会能够练习同情。我们需要知道自己是否正专注于工作，或专注在任意事上，因为这些都会阻碍我们对他人产生同情。我并不是暗示我们不应该有这些行为，而是注意这些行为发生的时间。

对别人友善是最有同情心的表现。比如帮助生病的邻居，参加志愿活动，帮助那些比我们不幸的人，带头进行政治活动，或通过走路来为爱心活动筹款。

试着做以下的事：

· 变得与别人有共鸣并表达你的关心。你可能不知道该说些什么，但这是一个好的开端

· 学会接受别人的观点。就算对方与你的观点不同，但他们也希望被肯定

· 相比同情模式，更要注意竞争模式

· 多说"谢谢。"找机会通过语言和行为表达自己的感谢

· 帮助别人

· 保持微笑。微笑是对别人同情的表现，能帮助你保持积极的心态。如果你不知道该为什么事微笑，依旧保持微笑，或者想一个能让自己微笑的话题，直到你真的面带微笑

· 学会幽默，尤其是不带恶意的自我嘲讽

· 留意不该同情的时刻。尽管你渴望练习自我同情和同情他人，并不是每个人都愿意被同情

· 以父母、主管、同事、朋友、邻居或仅仅是市民的身份，培养新的同情习惯

· 对威胁系统有警觉，无论是你的还是别人的

· 赞赏别人

练习：辨识出友善的行为

马丁·赛里格曼（Martin Seligman）推荐了以下练习，它能帮助你增加对别人的同情。①

想出一个让人意想不到的友好举措然后实践它。它也可以是一系列的友好行为。

实践时，请留意自己的感受和它对心情的影响。

这一章的练习能帮助你和别人获得安全感、联系感并降低威胁感。当你产生这些感受时，你会觉得生活更美好。我们与他人都是息息相关的，随时都要记得每个人都想要快乐和被满足。无论你是一周练习一次还是一周练习多次，切记每一次都是培养同情的机会。这样做，能让你知道自己也有着人性的弱点，帮助自己和他人更投入地训练健康愤怒。

_____

① M. 塞里格曼. 繁荣. 纽约：心房出版社.2013.21

进一步思考

1. 选择最近一次你与朋友或至爱产生冲突时，没有成功运用到主张式交流的情况。回顾这章所介绍的主张式交流模板，思考自己在这次冲突中可以如何有主张地表达自己。

2. 如果你已婚，你觉得本章的条款中哪一项让你觉得为难？你该如何克服这种障碍？

3. 回忆在工作中产生的冲突。找出能有主张地表达你的期望和结论的回应。

4. 提醒自己主张式交流可能会引起不适，尤其是你不经常这么做。而且别人也需要一段时间来适应你全新的交流方式。

5. 下周，火力全开地表现出同情，享受这种感觉。

6. 下周，寻找人际关系中表现出同情的例子，体会当你观察到它们时的想法和感受。

7. 找出那些阻碍你对他人表示同情的障碍物。

第十四章　全身心地投入健康愤怒练习

最后一章为你进一步达到健康愤怒提供了更多练习自我意识、正念、自我同情的方法。

1. 列出练习健康愤怒的原因。它能通过运用这一章所学的方法来控制自己的决定。你能更清晰地看到这些方法对你的帮助。你的原因应该包括：

· 它为什么重要

· 你希望获得什么

· 你的生活会发生什么变化

2. 确立长期和短期目标。建立一个个小目标来帮助你实现大目标。

这可能包括，练习正念式呼吸和完成愤怒日志。然后慢慢扩大自己的练习宝库。

3. 每天固定一个时间进行练习。选一个特定时间进行练习和冥想。将它们加入你的每日计划中。这样它们就是你日常生活的一部分，而不是有空时才做的事。

4. 建立视觉提醒。用便利贴、照片、海报、弹窗或其他能引起你的注意的方法。提醒自己这本书中的观点和方法能让你更容易接受它们。

5. 现实地面对期望。预估到进程的缓慢。消化这本书的内容需要一段时间，让它成为你日常生活的一部分。合理安排每天的练习时间，量力而行。

6. 经常填写愤怒日志。健康愤怒需要能够对自己的内心感受表现出专注和自我同情。经常填写愤怒日志能帮助你做到这一点。

7. 提醒自己所有的感受和想法都是暂时的。这是变得专注和发展健康愤怒的必要条件。

8. 注重愤怒的感受，而不是过程。健康愤怒表示愤怒的次数变少，强度变小，时间变短。这需要你学会释放紧张感。记住容易愤怒是为了保护自己不受伤害。

9. 享受每一个过程。留心去辨别和享受练习过程中的每一个细节。记得记录训练健康愤怒所用的方法。

- 你有没有注意到自己的期望
- 你在表达自己的渴望和需求时有没有变得更有主张
- 你有没有通过想其他一些评估来减少自己的易怒情况

· 你能不能成功地快速注意到自己的身体、感受、自我对话和想象

· 你与自己的感受共处的能力有没有加强

10. 问一问自己如何才能变得自我同情。积极地去寻找产生自我同情的途径，而不是被动地等待机会。记住这一点，将自我同情融入你的内心世界中。

11. 问一问自己怎样才能同情别人。积极地去寻找产生同情他人的途径，而不是被动地等待机会。记住这一点，将同情他人融入你的内心世界中。

12. 当你没有达到期望时，尤其要自我同情。当故态复萌时，你更容易变得批判。这种情况容易让你停止使用这些技巧。这种批判让你觉得受到贬低甚至感到耻辱。当期望落空时，听到自己或别人的批判对你没有任何好处。小心这种严厉的自我对话，选择同情式的对话。

13. 即使遇到挑战也要坚持不懈。我们在建立新的习惯时容易遇到阻碍，学会预估到这一点。

14. 一次的失败并不能代表什么。很多研究表明，在某一次特定的安排中失败并不会对整体的学习产生持久的影响。如果你能在失败时产生自我同情，就更能体现这一点。

15. 留意练习过程中根深蒂固的障碍。留意那些在愤怒、自我同情和同情他人中已经发现的障碍。唤醒自我同情和正念来减少负面想法和那些阻碍练习的不适感。

16. 寻求帮助。你会发现跟别人讨论自己的意图和进程对练习有帮助。最好是找那些跟你有同样目标的人去讨论。比如朋友、父母或治

疗师。

17. 如果你在恋爱中，跟你的伴侣分享自己的意图和训练内容。与伴侣分享训练的细节能让他 / 她对你的需求、渴望和期望有更好的了解。当你说出对停止话题的担忧或需要花一些时间来练习这些技能时，他 / 她能表示理解。当然，如果他 / 她也阅读这本书，能获得更好的效果。

18. 注意影响你判断力的因素。任何阻碍你判断的因素都有可能会影响你更好地运用这本书中的方法。这些因素包括酒精、药物上瘾或精神疾病，如情绪失常、注意力缺失、创伤后应激障碍或人格障碍。我强烈建议你在继续或开始练习前，先寻求专业的治疗。如果你正在寻求心理治疗师的帮助，让他 / 她知道你在进行这本书的练习。

19. 通过自律来获得自由。追求长远的目标需要做出一些牺牲。你会想要进行娱乐，或者试图避免产生不适，这些情绪上的问题会让你更在乎短期目标。但想要变成自己希望的样子就需要自律。自律还适用于战胜破坏性愤怒并帮助你拥抱新生活。